U0162546

给孩子的化学三书

原来化学可以这样学

CHEMICAL

沈鼎三 著

化学趣味

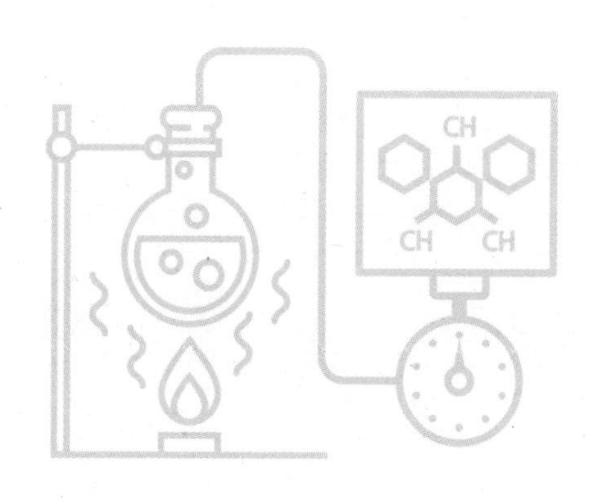

团结出版社

总 序

General sequence

我国著名的物理学家、化学家，被誉为“稀土之父”的徐光宪先生曾说：“化学是不断发明和制造对人类更有用的新物质的科学。化学科学是现代科学技术发展的重要基础学科。”

化学是基础性学科之一，任何科学都是在它的基础上进行的。不仅如此，它还涵盖了我们生活的全部，是一门与我们的生活、生产密切相关的自然科学。它就在我们的身边，与我们的衣、食、住、行紧密相连。学习化学，在掌握化学知识之余，更重要的是养成“化学思维”，也就是联系实际生活，养成从微观到宏观分析事物的能力，合理运用化学，将其与日常生活相结合，更深刻地探究事物本质。

为了从小培养孩子对化学的兴趣，帮助他们今后更好地学习化学，我们特地编辑了这套《给孩子的化学三书》。这三本书分别是法国科学家、博物学家法布尔所著，著名科普作家、翻译家顾均正翻译的《化学奇谈》；英国化学家、科普作家吉布森的《神秘的化学》；著名化学家、科普作家沈鼎三的《化学趣味》。

《化学奇谈》是一本内容广泛的化学科普读物，是法布尔任教时编写的诸多科普著作之一，由顾均正先生翻译。无论是著者还是译者，都可称得上是当时的“名家”。全书主要围绕保罗叔和他的侄子——爱弥儿和裘尔斯展开叙述，以故事体来写作，同时还有大量的对话，并不断地提出问题，很容易抓住孩子的阅读兴趣，间接地培养孩子独立思考的能力。同时，作者利用日常生活中的一切用具，开展各种有趣的化学实验，浅显易懂，引人入胜，让孩子产生自主学习的动力。就连叶圣陶老先生也说："《化学奇谈》虽然也是一本书，但不是叫人'读'的书，也不是叫人'记忆'的书。原著者法布尔用他的巧妙的笔把'试'字的工夫曲曲描写出来，使读者不仅具有化学的知识，并且能做化学的实验，同时又长进了"试"的能力，可用以对付别的事物。"

《神秘的化学》是英国化学家、科普作家吉布森所著。作者开篇便抛出问题，引领读者从浅学易懂之处逐步深入，并配有有趣的小故事，激发读者的好奇心，环环相扣。书中还生动地列举了"氧原子舞"和"氢原子舞"等新奇有趣的事物，帮助孩子更好地理解，加深认识，让孩子在玩的过程中，就轻松地学习了化学知识，可谓是一本妙趣横生的启蒙性化学科普读物。

《化学趣味》原名《化学初步》。化学是一门以实验为基础的学科，没有实验，化学就会变得抽象、难懂。作者从我们熟知的事物入手，将化学学习的内容大致分为"火""空气""水""地球"以及"金属元素""非金属元素"等几个方面，并将有趣、专业的实验和这几方面的知识结合起来，把难懂的化学系统、连贯地讲述清楚，是一部实验性化学科普读物。该书作者是我国著名化学家沈鼎三。他早年从事教育工作，编著有大量化学书籍，为各地大、中学校所采用。同时，还写了许多科普性文章，发表于《中学生》《新少年》等杂志。后期转而从事染料工业，首创靛蓝连续染色机。我们的五星红旗之所以鲜艳、不褪色，就是使用沈鼎三先生研制的化学性染料"旗红"。中国很多著名的染料专家都出自于沈鼎三先生的培养，他的一生是为中国化学事业发展奉献的一生。

这三本小书，创作至今已经长达半个世纪之久，涉及了化学学习中的各种问题，历经时间的检验，被一代又一代的读者所喜爱，这其中必然有它的奥妙所在。我们在整理出版过程中，尽可能的保持原著语言特色，在此基础上做了相关注释，方便读者更好地理解、掌握，对一些因时代变化已经不适宜的内容作了删减。这三本小书不仅可以帮助孩子开启化学研究之门，更重要的是让他们养成较强的动手能力和独立思考的习惯。愿孩子们爱上化学，专心致力于化学的研究，造福人类！

编者

2020年7月

目录

Chapter 1 火

1. 在谈论“火”之前,我们先来做一个小总结 002
2. 蜡烛的燃烧 003
3. 蜡烛燃烧时还产生了什么 005
4. 当进行化合作用时,我们感觉到了热 010
5. 火的发生 013

Chapter 2 空气

6. 空气 016
7. 空气里有些什么 017

9. 植物对空气有什么作用 023
10. 植物的生长 025
11. 动物、植物和空气的作用 027
12. 空气里的其他物质 028

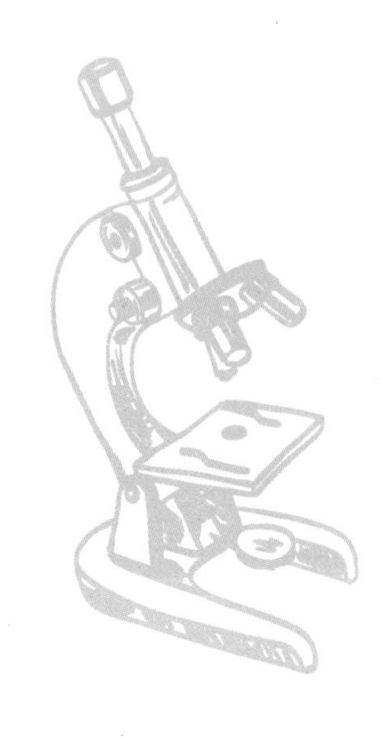

Chapter 3 水

13. 水的组成 030
14. 从水果中制出氢的许多方法 033
15. 怎样收集氢气 034
16. 制取氢气 035
17. 氢能燃烧且比空气轻 037
18. 氢燃烧时产生了什么 040
19. 水的成分 042
20. 海水 045
21. 盐的实验 047
22. 溶解与结晶 048
23. 自然界的蒸馏术 050
24. 溶解和不溶解 051
25. 硬水和软水 053
26. 硬水的组成 054
27. 硬水如何变成软水 055
28. 河水 057
29. 水里的毒质 058
30.气体如何溶解在水里 059

Chapter 4 地球

31. 关于地球 062
32. 从石灰石中制取二氧化碳 064
33. 氧的制法 067
34. 氧的故事 069
35. 制氧的另一法 072
36. 氧的性质 073
37. 氧是自然界中最多的物质 075
38. 金属氧化后重量会增加吗 076
39. 构成地球的金属 078
40. 什么是煤 080
41. 煤气的制造 082
42. 制造煤气的副产品 084
43. 煤的用途 086
44. 煤气与火焰 087
45. 煤矿爆炸的原因与预防 090

Chapter 5 元素和化合物

46. 单质和化合物 094
47. 关于化合物 095
48. 混合物与化合物 096
49. 关于元素 098

Chapter 6 非金属元素

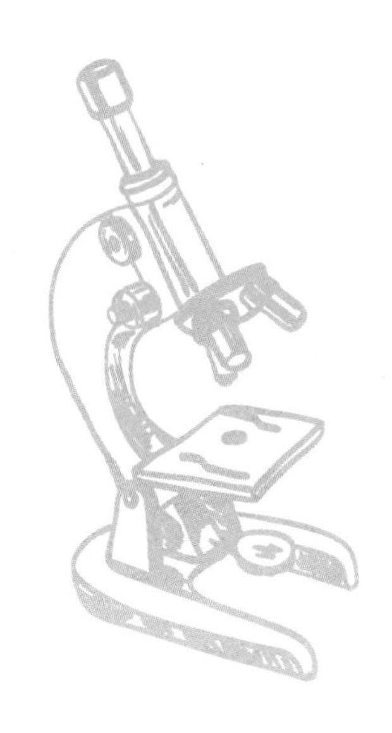

50. 氮 102
51. 氮和氢、氧化合成硝酸 103
52. 硇精 105
53. 碳、金刚石和石墨也是由碳构成的 107
54. 氯是可怕的毒气 109
55. 硫 113
56. 制造火柴的磷 115
57. 硅 117

Chapter 7 金属元素

58. 铁是最有用的金属 120
59. 陶土中含有的金属 123
60. 石灰中含有的金属 124
61. 镁条 125
62. 食盐中含有的金属 126
63. 神奇的食盐 128
64. 钾 130
65. 铜 132
66. 锌 133
67. 锡 134
68. 铅 135

69. 汞 137

70. 银 138

71. 金 140

Chapter 8 结论

72. 化合是有一定比例的 142

73. 元素的化合量 144

74. 倍比定律 146

75. 化学方程式的意义 148

76. 化学究竟研究些什么 151

77. 化学的演进史 152

78. 化学是我们最亲爱的依赖者 154

79. 衣和食离不开化学 155

80. 住和行与化学的关系更大 157

81. 化学既“凶残”又“慈祥 160

82. 化学是最有能力、最有权威的“怪物” 163

83. 化学的前程是远大的 165

实验提示 166

各实验所需仪器 168

药品 169

Chapter 1

1.在谈论“火”之前，我们先来做一个小总结

火、空气、水、地球，这些东西在自然界存在着，其中火、空气和水，我们可以随时随地拿来观察或实验。通过观察或实验，我们可以知道它们的一切。譬如说，火燃烧是怎样一回事？空气怎样使物质燃烧，怎样使万物生长？水是由什么东西构成的？构成地球的许多不同物质分别是什么？从科学方面说起来，这些都是属于化学研究的范畴，化学是多么有趣的科学呀！

我们知道人站的地球是固体，活泼地在地球表面流动着的水是液体，包围住地球的空气是气体。知道了地球、水、空气的普通性质之后，我们可以学一点关于这些的新知识了。在未讲空气、水和地球的化学以前，我们先讲火，关于火我们向来是知道得很少的。

2.蜡烛的燃烧

一支燃烧的蜡烛，它的芯子和蜡一点一点地减少起来，最后完全没有了。蜡烛的成分究竟是不见了？还是消失了呢？在我们的眼睛看来，那一定是消失了，但是眼睛是靠不住的。譬如，当你在轮船码头上，看见那轮船远远地航去，这轮船一点一点地小起来，最后看不到了，是消失了吗？不是，它在另一个地方存在着。假若把白糖放在水里，看起来也好像消失了，但是我们知道糖并没有真的消失，因为水已经变甜了。同样蜡烛究竟有没有消失？我们不能全凭眼睛做主，我们要把这个问题用“科学的方法”去解决，换句话说，就是要经过做实验以后才能解答这个问题。

实验1. 拿一支蜡烛，放在一个小口瓶里燃烧，这支蜡烛燃烧了几分钟之后，它的火焰便一点一点地小了起来，不多时连一小点都没有了，火是熄了，这是我们所见到的第一件事，为什么火会熄灭呢？

图一 蜡烛不久便熄了

要明了这个缘由，需先研究现在小口瓶里的空气，是不是和蜡烛未燃之前一样。我们再用一个大小、形状相同的瓶子，拿一杯澄清的石灰水（放一些石灰在水里，摇动一下，再等一会儿，把上面澄清的水倒出来，这澄清的水是有石灰溶解着的，即是石灰水），倒一半在里面，另一半倒进有蜡烛燃烧过的瓶子里。你看，在这没有蜡烛燃烧过的瓶里，石灰水不是仍旧很澄清吗？可是在那蜡烛燃烧过的瓶里，石灰水就变得像牛奶一样浑浊了。一支蜡烛在一个瓶子里燃烧之后，瓶子里的气体会使石灰水变得像牛奶一样浑浊，那空气一定已经变成一种别的东西了。滤过这石灰水中浑浊的东西，便得到一种和白垩（è）相同的白粉。白垩是石灰水与二氧化碳做成的。

二氧化碳像普通的空气一样，是一种没有颜色，看不见的气体，但是它能够使石灰水变得像牛奶一样浑浊，并且使蜡烛不能继续燃烧。由此可知，蜡烛的一部分燃烧之后变成了二氧化碳。虽然因为燃烧，蜡烛一点一点地少起来，但是蜡烛里的碳现在又在这看不见的气体里找到了。

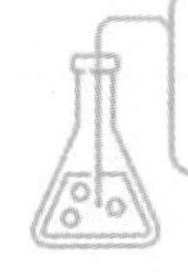

3.蜡烛燃烧时还产生了什么

你一定会感到惊奇，为什么这么热的火焰里会有水呢？不要急，仍旧只要一个简单的实验，你马上就可以相信。要知道水从火焰里跑出来，是一种热的水蒸气，这水蒸气也是一种看不见的气体，我们平常看见从锅子里出来的白雾，就叫它水蒸气，那是错的，那个实际已是一群很小的水珠了。水蒸气从锅里出来，因为遇到冷空气，就变成了无数很小的水珠。倘若从烛火里出来的热气，是带着水蒸气的，当冷却下来的时候，那一定也会变成很小的水珠了。

实验2. 要实验蜡烛的火焰里究竟有没有水蒸气发出来，我们可以把一只又冷又干的干净玻璃杯罩在那支燃烧的蜡烛上面，你看这干净的玻璃杯立刻变得模糊了。倘若你仔细地观察，你还可以找到一些小水珠，像露珠一样附着在玻璃杯里面，过了很长一段时间后，水便一滴一滴连珠般地掉下了，透明、洁净，尝起来也和普通水一样。

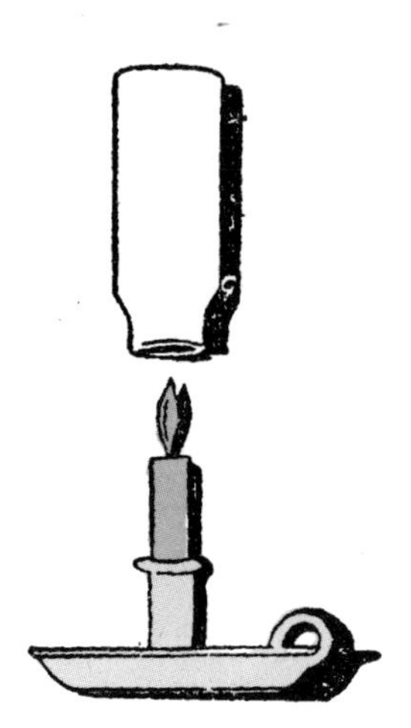

图二 水蒸气也从蜡烛的火焰里出来

现在让我们回想一下吧，关于蜡烛的燃烧，我们已知道了些什么呢？我们需要一个很清楚的印象，我们做了些什么实验，为什么要做那些实验？从这些实验中，我们学到了些什么？

关于蜡烛的燃烧，现在我们知道：

（1）假如一支蜡烛放在瓶里燃烧，不久就要熄灭。

（2）在那支蜡烛燃烧之后，瓶里就产生一种看不见的气体，这气体普通人叫它碳酸气，化学家叫它二氧化碳。

（3）二氧化碳是由蜡烛里的碳变成的。

（4）当蜡烛燃烧的时候，同时还有水产生。

所以我们现在知道，蜡烛虽然烧尽了，但是并没有消失，不过烧尽之后，换了一种形式，变成了二氧化碳和水罢了。这一种变化，叫作化学变化。

我们再来做一个实验，这一个实验可以告诉我们关于蜡烛燃烧的另一些知识。

实验3. 拿一个火油灯[1]的灯罩，或是两头小中间大的玻璃管，底下塞一个木塞，木塞上开几个孔，把蜡烛放在木塞上面，玻璃管的上部放一些白色的固体——苛性钠[2]，玻璃管下部是很小的，因此上面放的苛性钠并不能落下来。把这个有趣的玻璃管，挂在天平的一端，天平的另一端放砝码，要放得使天平两端的重量一样。

等到一切都安置妥当了，就把那蜡烛从管子里拿出来点燃，再放进管子里去，因为木塞是有孔的，所以空气能持续不断地进去，蜡烛也会很光明地燃烧。但是你看，一件奇怪的事又来了。这个天平本来是持平的，蜡烛燃烧之后，却逐渐变斜了。本来两面的重量相等，可现在是一面重一面轻了。更奇怪的是，那个有蜡烛在里面燃烧的管子，虽然那蜡烛已燃烧掉许多，但是现在反而比以前加重了。

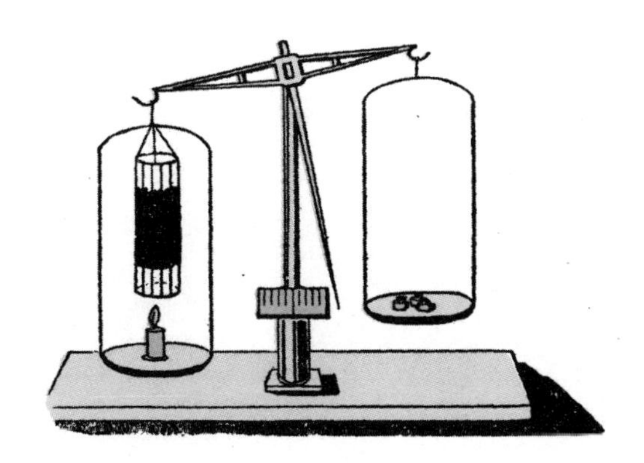

图三 天平的一端放砝码，另一端挂苛性钠和蜡烛的玻璃管

1.火油灯：即煤油灯。（编者注）
2.苛性钠：即氢氧化钠，俗称烧碱、火碱、苛性钠，是一种具有极强腐蚀性的强碱。（编者注）

这究竟是怎样一回事呢？蜡烛燃烧之后，看得清清楚楚是比未燃以前短了许多，为什么那个玻璃管反比燃烧前重了呢？我们必定要弄懂这其中的缘由。我们之所以预先放一些苛性钠在那个玻璃管的上部，是因为不想使眼睛所看不到的气体，即水蒸气和二氧化碳，逃到玻璃管外面去。蜡烛燃烧，不是可以变成两种气体，一种叫二氧化碳，一种叫水蒸气吗？苛性钠能把从蜡烛里产生的二氧化碳和水蒸气都捕捉起来，像用一个网捕鱼一样。

蜡烛是燃烧完了，它燃烧后所变成的二氧化碳和水蒸气，都被这苛性钠像用网捉鱼似的捕捉起来，一点也没有逃去。捕捉的两种气体都是蜡烛燃烧产生的，可是我们发现，它们比原来的蜡烛重了。这个现象要怎样解释才对呢？我们可断定有一种旁的东西，在蜡烛燃烧的时候加进来，和蜡烛里的成分结合，于是变成了二氧化碳和水蒸气。那加进来的东西自然也是有重量的。因此，燃烧之后变成的两种气体比原来的蜡烛重了。

这一个假设是对的。那一种旁的东西，也是一种没有颜色的气体，空气里的一部分便是那种气体，它的名字叫作氧。木塞不是有孔的吗？空气便从这孔里进来，其中所含一部分的氧便和蜡烛的蜡结合起来，这叫作化合反应（我们把由两种或两种以上物质生成另一种物质的反应，称为化合反应），正是由于这种结合，蜡烛燃烧产生了两种看不见的气体。这两种气体里并不只是蜡烛的成分，还有空气中的氧，因此比原来的蜡烛重了。如果我们能把四周的空气称一下，一定可以发现空气的重量减轻了。而空气所减轻的重量，一定就是燃烧蜡烛所增加的重量，那即是氧的重量。

我们学到了些什么？

关于蜡烛燃烧，现在我们学到了几件顶重要的事：

（1）蜡的成分，一点也没有消失。

（2）蜡的各部分是和空气中的氧结合成别种东西了。

只要做三个简单的实验，努力找出这些实验的结果是什么，现在关于火，我们知道得比从前多了，所以实验真是有用的。

从这本书中所有的实验里，你常常可以得到一个真理，即我们不能真正毁灭什么物质，也不能真正创造什么物质。还有我们必须要记着，从蜡烛燃烧所学到的，就是有些物质在进行化学反应的时候，会生出热来，如果进行得更快一些，我们就可以看见火。

4.化合作用进行时，我们感觉到了热

对于这个问题，许多同学不能深信。不要着急，接下来，我们再来做两个实验。

实验4. 拿一块生石灰，放在一只铜盘里，把一些冷水倒进生石灰里，立刻你便看到水和生石灰都热起来，水“嘶嘶”地叫着，最后是沸了，像云一样的水气跑了出来。铜盘里的生石灰变成又细又干的白色粉末，叫作消石灰[1]。泥水匠每天把水和生石灰混合起来，每一次都会产生热，都有像云一样的水蒸气跑出来。但是为什么会产生热呢？那是因为水和生石灰产生了化学反应的缘故，其结果便产生了消石灰。

1.消石灰：氢氧化钙，无机化合物，俗称熟石灰或消石灰。（编者注）

图四 把冷水倒入生石灰里，水和生石灰都热了

实验5. 将一些黄色的硫黄粉放入一个小的烧瓶里，在这硫黄粉的上面，放一些光亮的铜丝。现在把这烧瓶放在一个三角铁架上面，将点燃的酒精灯放在三角铁架台下面，使这固体的硫黄也沸腾起来。再放一只普通的盘子在酒精灯的下面，倘使瓶子烧破了，硫黄便可以落在这盘子里面。现在我们看，起初黄色的硫黄是熔化了，颜色是一点一点地深起来，最后它沸了，当这沸着的硫黄和铜丝接触的时候，把底下的酒精灯拿开。现在再看这铜丝，铜丝是赤红了，并且还产生白亮的火光，后来又熔化了，一点一点地落在瓶子底。当瓶子冷却的时候，我们把这瓶子打破了再细细地看，瓶子里面既没有光亮的铜丝，也没有黄色的硫黄，只有一种黑色的固体，在瓶子底。这是什么东西呢？这是两种不同的东西，铜和硫的化合物。铜和硫黄化合了，热就释放出来，或者可以说，铜是被火烧掉了。

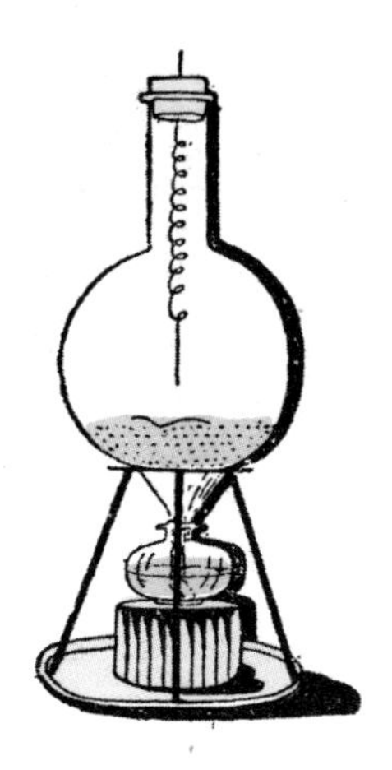

图五 硫和铜化合，变成黑色的硫化铜

5.火的发生

现在我可以知道：凡是有火，那便有一种化学作用在进行。无论蜡烛的燃烧，草堆的燃烧，或是一间房子的燃烧，当空气中的氧和那燃烧的东西发生化学作用以后，就有火发生了。

Chapter 2

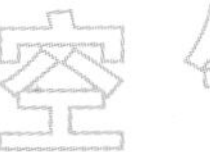
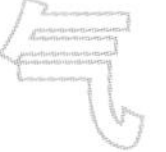

空 气

6.空气

我们怎样知道在这屋子里，你和我中间还有一些东西存在着呢？窗子的外面有的是空气，这空气究竟是由什么东西组成的呢？

假如我们把手掌很快地挥一下，便感觉到有一阵小小的风，窗子外面的风吹得很大时，树木也可以被它吹得弯过去。风是哪里来的呢？那只不过是空气流动吧。那风车一天到晚地转，河里的船张着帆，会很快地前进，那都是依靠着空气的运动。

空气运动着，于是发生风。如果空气是很安静的，我们怎样知道有空气存在呢？空气是一种人眼看不见的气体，我们不能拿来看一看，以此来断定空气是否存在。但是，只要一个实验，我们便能知道空气究竟是个什么东西了。

7.空气里有些什么

实验6. 用一个没有底的玻璃钟罩，在它小的口上，装一个塞子，拿小刀切一块很小的黄磷[1]。黄磷本来是浸在装满水的瓶子里，要很小心地从瓶里拿出来，因为它是一种很危险的东西，一不小心，它自己就会燃烧起来，把你手指烧痛的。把这切下来的一小块黄磷，放在一只小瓷蒸发皿里，把这小瓷蒸发皿浮在一只玻璃槽的水面上。用那没有底的玻璃钟罩，把这浮在水面的小瓷蒸发皿罩住。一切安排好了，揭开玻璃钟罩的瓶塞子，点燃一支火，伸进玻璃钟罩去，把磷燃烧起来。当你的火和磷接触的时候，快速地把玻璃钟罩的塞子紧紧地塞住，使外面的空气不能再通到里面去。

现在你看，这磷在玻璃钟罩里面燃烧了，一阵阵白烟在玻璃钟罩里面充满着。

1.黄磷：即白磷，白色或浅黄色的半透明性固体。质软，冷时性脆，见光色变深。在湿空气中约40 ℃可着火，在干燥空气中则稍高。（编者注）

图六 磷在玻璃钟罩里燃烧，告诉我们空气里有两种不同的气体。

几分钟之后，虽然我们知道磷还没有烧完，可是它的燃烧停止了。再过了几分钟，这玻璃钟罩也冷却了，磷燃烧所产生的白烟也慢慢地不见了。玻璃钟罩里还有一些剩下的空气，记得在磷未燃烧之前，这玻璃钟罩里满满的都是空气，但是现在，玻璃钟罩里面的空气少了许多。在这玻璃钟的下部，却多了许多水。

请问：这玻璃钟罩里现在剩下来的空气，究竟和磷未燃烧以前的空气是不是一样的？我们再加些水在玻璃槽里，使玻璃钟罩外面与里面的水平线一样高低，打开瓶塞，把一个燃烧着的洋烛放进去，那洋烛立刻就熄灭了，再燃一个火柴放下去，也是立刻熄灭了。我们不必怀疑，现在玻璃钟罩里剩下来的空气，是和磷未燃烧以前的完全不同了。我们房间里一定有两种不同的气体存在，一种气体（就是氧）它是能够和磷结合，变成白烟。白烟慢慢地消失，于是水便上来了（实际，白烟是溶解到水里去了）。还有一种（叫作氮）是不会和磷结合的，所以在玻璃钟罩里剩了下来。它会使燃烧的蜡烛火焰熄灭，它和氧是完全不同的。我们每天说空气在这房里，在那个玻璃钟罩里，哪里知道它还可以分成氧和氮两种不同的东西呢？这极简单的实验，告诉了我们多么伟大的知识呀！再进一步，看那玻璃钟罩里升上来的水，大约是钟内原有空气体积的1/5。因此我们知道，空气里约有1/5是氧，还有4/5是氮。这1/5氧和4/5氮混合成的空气，包围着地球的表面，较高的天空，空气的成分就有些不同。越是高，氮越多，氧越少，在11公里[1]以上的空气，差不多都是氮，据说在80公里以上，连氮都没有了，那里有的是一种很轻的气体叫氢[2]。在500公里以上，连氢也没有了，是一个什么东西都没有的所在。

1.公里：即千米，是长度单位，俗称公里，用km表示。（编者注）

2.氢：一种化学元素。氢通常的单质形态是氢气。它是无色、无味、无臭、易燃烧、最轻的气体。（编者注）

8.我们把空气吸进去做什么

我们现在知道，无论一支蜡烛，或者别的东西，在空气中燃烧，那便是和空气里的氧发生了化学作用。燃烧蜡烛产生二氧化碳和水，这是由蜡烛里面的碳和氢与空气中的氧发生化学作用而生成的。在蜡烛燃烧之前，要用火燃一下，这是替它们燃烧做一个开头。当蜡烛的火产生光和热的时候，便是它和氧发生的化学作用正在猛烈地进行着。如果把蜡烛火吹灭，它就冷却下来，不能再继续发生化学作用了。

人和动物需要空气中的氧，和蜡烛燃烧一样的重要。所以我们每天一定要把新鲜的空气吸进去，如果吸不到新鲜的空气，我们便要闷死了。有许多可怕的故事，是因为吸不到新鲜空气而发生的。譬如说，海洋的轮船，遇到了风浪，恐怕要沉下去，于是把船舱的门都关起来，结果许多人却闷死在里面了。有时许多人在煤矿或是岩洞里没有好的空气呼吸，也完全闷死了。现在我们要问，人一定要把空气吸进去究竟做什么呢？是不是也像蜡烛或磷燃烧一样，和空气中的一部分物质结合，发生什么化学作用呢？下面有一个简单的实验，立刻可以很容易地告诉我们。

实验7. 把一些澄清的石灰水倒入一只玻璃杯中，用一支玻璃管或麦秆，把你肺里呼出的气体，吹一些到石灰水里去。石灰水就立刻变得像牛奶一样浑浊，把石灰水完全倒入蜡烛烧过的瓶里去，这牛奶一样的浑浊物就多了一种白粉，就是白垩。从这白垩，可以证明那从肺里呼出的气体，就是二氧化碳。但是我们每天吸进去的并不是二氧化碳，把空气和石灰水混合起来是不能使石灰水变得像牛奶一样浑浊的。所以吸进去和呼出来的气体完全不同。吸进去的是空气，呼出来的是含有二氧化碳的气体。这种二氧化碳究竟是从哪里来的呢？它是完全和蜡烛燃烧所产生的气体一样的，难道我们人的身体也像蜡烛一样在燃烧吗？你会立刻说“不，因为我们人的身体是没有像蜡烛火焰一样的热”，可是再想一想你就知道，我们比那桌子、墙壁和一切的非生物热得多。猫和狗，所有的动物，都比非生物热。如果它们死了，呼吸停止，也会像桌子、墙壁一样的冷。所以动物的呼吸，也完全是一种氧化作用。空气，经过我们的鼻孔或是嘴，到我们的喉管，后来又经过许多小管到肺的气泡里去了，这些小管子一边是空气，一边是血。空气中的氧，透过些小管的管壁，通到血里去，在那里就和我们身体里许多没有用的碳化合。那是很容易明白的，人和动物的身体里都是有碳的。譬如，把一块猪肉用火一烧，焦黑的碳便显出来了。这种身体里面的碳和空气中的氧化合，它的结果像蜡烛中的碳和空气中的氧反应一样，也有热产生。至于看不到火焰，那是因为它燃烧所产生的热已分散到身体的各部分去了。血在我们全身流动，它的目的是要使我们全身都温暖起来，便于做好种种工作。

图七 人呼出来的气体，也能使石灰水变浑浊

从这个实验，我们学到：

（1）动物把空气中的氧吸到肺里去。

（2）氧通到血液里。

（3）氧与动物中的碳素燃烧，产生二氧化碳，同时把体温升高。

9.植物对空气有什么作用

因为这个问题，我们又要来做几个实验，不过这几个实验，要等几天才可以有结果，我们不能性急。

实验8. 拿一些芥菜籽，放在一块浸湿的绒布上，几分钟之后，芥菜籽渐渐地大起来了。如果把它放在太阳底下，几天之后这一粒细小的芥菜，竟变成一枝小的芥菜了。构成这小芥菜的叶子和枝干的东西是哪里来的呀？从这绒布里拿来的吗？不是，因为绒布没有变化。从水里拿来的吗？也不完全是，因为它的叶和枝干都是含有碳，水里却并没有碳，那么它所需要的碳究竟从哪里拿来的呢？我们回答：这是从空气中拿来的。前次的实验，告诉我们动物继续不断地呼出二氧化碳来，所以空气里一定有二氧化碳。现在我们就来做一个实验，证明空气中二氧化碳的存在吧。

实验9. 倒一些石灰水在一只干净的盆子里，放在房子里或天井里，隔几分钟，石灰水的面上有一层白色的东西，这便是白垩，是石灰水和空气中的二氧化碳反应而成的。因为空气里所含二氧化碳的分量很少，所以要隔好几分钟，石灰水的面上才有这一层白垩结出。但是这很少的二氧化碳，已经足够可以做地球上一切植物的主要食料了。

10.植物的生长

植物拿二氧化碳当食料，因此做成了它们的枝干、叶和果实，这些我们知道都是由碳组成的，那么二氧化碳里面的氧现在怎样了呢？

实验10．拿一束新鲜的绿叶，最好是水草，放在一个大瓶子里，这瓶子盛满了清洁的泉水，倒放在一只盛满水的水槽里，这倒放在水槽的瓶子，除了水和绿叶外，连一些气泡都没有。我们把它在强烈的日光下放一两个小时。你看，在这绿色的叶子上面，现在是盖着一层小小的气泡了，并且还有许多气泡聚集在这瓶的顶部。这些气泡就是纯粹的氧［如果你把这些气体收集在一个小试管里（如图8），用一个燃烧着的火柴放进去，火焰会更亮一些，这可以证明它是氧］，这氧是溶解在水里的二氧化碳分解出来的（泉水里有二氧化碳溶解着，放一些石灰水到泉水里，泉水也可以变得像牛奶一样浑浊，这就可以证明泉水里是有二氧化碳的），所以植物有一种能力，能够在强烈的太阳光下，将空气里的二氧化碳拿来分解，分解出来的碳，它拿去做自己的茎、叶及其他的部分，分解出来的氧，让它自由地离开。

图八 浸在泉水里的绿叶，现在液面产生了许多小泡

实验11. 植物是不会在黑暗中生长的。如果我们把上一个实验重做一次，这缘由我们就明白了。把这有清洁的泉水和放着绿叶的瓶子，放在一间黑暗的房子里，虽然经过许多时间，也不能看到一些气泡，所以植物必须在有太阳光的地方才能把二氧化碳分解。换句话说，必须要有了太阳光，植物才能生长。

11.动物、植物对空气的作用

现在，我们再想一想那些动物和植物，对于空气不同的作用吧，空气对于动物和植物都有很重要的化学变化，所以不只是死的生物才有化学变化，在地球上面，每种植物、每种动物，每天都不断地有化学变化发生。

现在我们知道了：

（1）动物是吸入氧气，呼出二氧化碳，持续不断地反应着，所以有热产生。

（2）植物是摄取二氧化碳排出氧，利用太阳的热和光，持续不断地造出一种可以支持燃烧的物质。

现在，我们可以知道动物是持续不断地呼出一种二氧化碳，使空气浑浊的。植物却持续不断吸收那种在空气里动物所不需要的二氧化碳，使空气清洁。动物是把不要的二氧化碳供给植物生长，植物却从叶子产生氧，使动物持续不断地产生热。

12.空气里的其他物质

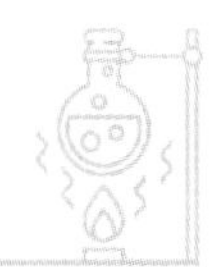

化学家又找到空气里除了氧和氮之外，还有几种数量很少的气体，例如氩、氪、氖、氦、氙等。除了这些外，我们都知道空气中常含有水蒸气与二氧化碳。

假如把旷野地方的空气，拿来仔细地分析，便知道：

	每100体积干燥的空气中，所占比重
氧	21%
氮	78%
水蒸气	不定
二氧化碳	0.03%
氩	0.94%
氦、氖、氙、氪等	甚少

Chapter 3

13.水的组成

如果我们拿一块冰，放到嘴里，这冰就会立刻融化。同样把冰放在一只玻璃杯里，把这玻璃杯放在火上烧，这固体的冰便也渐渐地融化，变成液体的水了。再把这液体的水继续地加热，于是水便沸腾，从而变成了水蒸气，水蒸气是看不见的气体，它的性质是和液体的水不同的。我们再用旁的方法实验，不知道这水，除了水蒸气外，还能变作什么？

实验12. 不要把水烧开，水烧开了，只能得到水蒸气，不能变作旁的东西。现在我们将电流通过水，在水里预先加几滴硫酸使电流通过得顺利一点，拿四节电池，用电线连接起来，把这电池的电，从两条电线（头上有一些白金）通过这加过几滴硫酸的水里。

当我们把电线和电池连起的时候，两条电线附近的水好像是沸腾了，一个一个小的气泡，这不是水蒸气。因为如果是这铜丝的四周发出水蒸气来，一定会立刻被附近的冷水凝结起来。而现在，这种气泡经过冷水跑到水的上面来了。我们应当把所产生的气体收集起来，这样我们才可以知道这些究竟是什么气体。还有从这一个电线上所产生的气体，究竟是不是和另一个电线上所产生的完全一样。

为了这个目的，我们可拿两个大小一样的试管，盛满了水，倒放在水槽的水里，罩住那两个电线。这样，在电线附近所产生的气泡，一定可以被试管捕捉了。这样地把气体收集起来，发现些什么呢？你看，一根管子里的气体，只低于那个的一半，一个是完全盛满了无色，人眼看不见的气体了。而另一个，只有半管子的气体，现在我们要问这些气体究竟是什么东西呢？我们先把那只有半管子气体的那个管子，调一个头，使管子的口向着天，把一个燃烧着的火柴放进管子里去。你看，火柴不是立刻燃烧得更亮了吗？这是氧。我们知道氧是会使火柴的火焰更亮一些的。

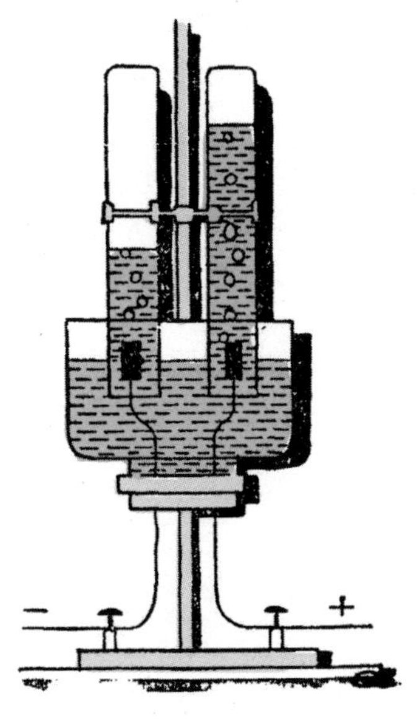

图九　水的电解

再拿那另一个管子来做同样的实验，我们须把这管子的口向下，为什么管口一定要向下，这是你不久就会懂的。这火柴的火焰非但没有更光亮一点，而且反熄灭了。这管子里的气体，却自己燃烧起来，在管子的口边发出淡蓝色的火焰，这种气体和氧是完全不同的，这种气体叫作氢。

如果我们把这个实验再做一次，结果是一样的，除了氢和氧之外，没有旁的东西可以从水里逸出来了。

因此，我们可以有一个结论：

（1）用通电的方法，可以把水分解成两种完全不同的东西，就是氧和氢。

（2）当水分解的时候，产生的氢的体积，是氧体积的二倍。

14.从水果中制取氢的许多方法

实验13. 把一小块钾，抛到水里去。钾是比水轻的金属，所以浮在水面上。同时它的四周却发出火焰。这火焰是由于水里的氢而起的，当钾放到水里时，就和水里面的氢、氧反应而成氢氧化钾，那多余的氢就从水中跑出来了，这氢遇到水面上的空气，那时温度很热，所以就自己燃烧了。我们可以往水里加一些红色石蕊试液进去，如果红色变成蓝色了，就可以证明有氢氧化钾生成。如果我们抛一块小的钠到水里去，钠也会在水面上浮游着，而且会使水里的氢自由地跑出来，并且水会变成一种氢氧化钠（又名苛性钠）溶液，不过热度并不很高，所以不能使产生的氢燃烧起来。

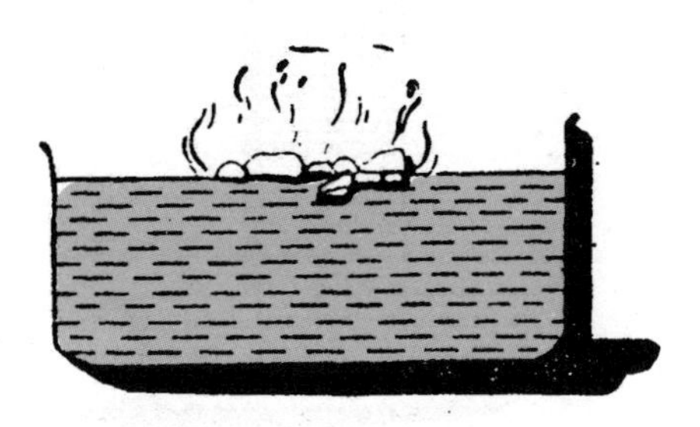

图十 钾在水上燃烧

15.怎样收集氢气

实验14. 把上一个实验稍微改一些，我们可以把水里产生的氢收集起来。这方法就是把一小块钠和一些水银放在研杯里，用玻璃棒用力拌匀，这两种金属便混合起来，变成了一块混合物。现在把这混合物倒入水槽里，在水槽中间，预先倒放一个盛满水的玻璃瓶，于是钠渐渐地把水分解和其中的氢、氧化合成氢氧化钠了。那水里多余的氢就跑出来，被这倒放着的玻璃瓶收集，等到瓶里都是气体时，我们可以用一个燃烧的蜡烛来证实氢是否存在。

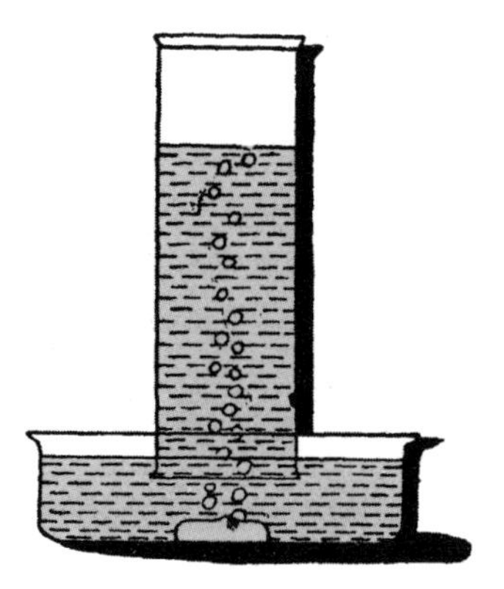

图十一 收集氢

16.制取氢气

许多金属，都有可以使水分解，自己变成氧化物，而让氢跑出来的能力。譬如说，钾和钠在冷却的时候，便可以把水分解了。别的金属像铁，一定要先烧到赤红，才能够把水分解，自己变作铁的氧化物，即是铁锈，而同时使氢分出。有些金属，像锌，它们虽然不能够在冷却的时候使水分解成氧和氢，但如果水里有些酸，便能够那样做了。

实验15. 我们放一些锌片在一个盛水的玻璃瓶里，再加一些硫酸，立刻可以看到有气泡产生。把这玻璃瓶的口用木塞紧紧地塞住，在这木塞的上面有两个孔，装着一个弯的玻璃管和一个安全漏斗。锌和加硫酸的水所制出来的氢，现在从这弯的玻璃管里出来，一个一个的气泡，都被那个倒放在水槽里盛满水的瓶子所收集了，集满以后要用毛玻璃[1]的磨砂面盖上。起初，先出来的依旧是玻璃瓶里的空气，到后来所有的空气都被赶出来了，这时出来的才是真正的氢。你可以仔细地拿一个小试管，收集一些气体，试一试是不是氢，便知道空气有没有排空。如果产生的氢变少了，你从这木塞上面的安全漏斗，再加一些

1.毛玻璃：是用金刚砂打磨或用化学方法处理过的一种表面粗糙不平的半透明玻璃，使用毛玻璃是为了保证与集气瓶接触更为紧密，这样收集的气体不容易外漏。（编者注）

硫酸。

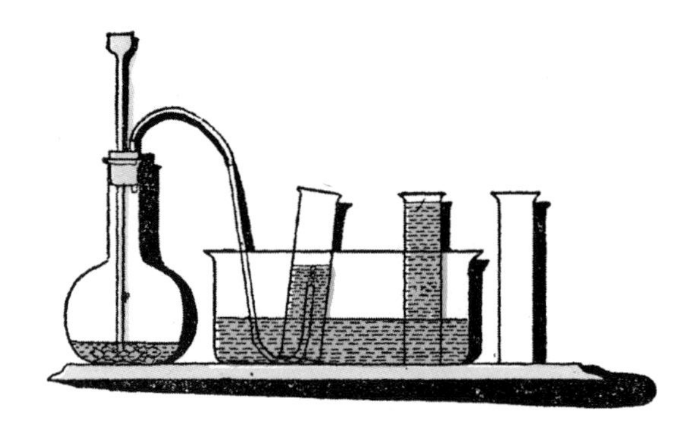

图十二 用锌和硫酸制氢

三瓶满满的氢已收集好了，瓶口向下，放在桌子上面。我们想，怎样实验，可以告诉我们这奇怪的气体的性质呢？

17.氢能燃烧且比空气轻

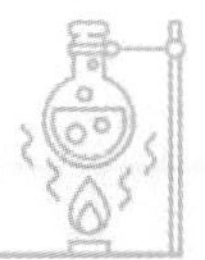

实验16. 拿一瓶氢，瓶口向下，用一支蜡烛，插在一根铜丝头上，燃烧着放进去，立刻看见氢自己在瓶口燃烧。而在这瓶里的蜡烛，却熄灭了。后来蜡烛从瓶里拿出来，瓶口氢的火焰，又把它重新燃着，这氢的火焰温度是很高的，你看蜡烛经过这火焰，一部分立刻被熔化了。有时，当你把蜡烛的火焰放进氢的瓶子里时，你还可以听得“砰”一声，像枪声一样，非常可怕。这种炸裂的声音是因为氢中混有着空气的缘故。当氢和空气混合在一起，遇到火就会发生猛烈的爆炸，如果你胆子大，可以拿一个大而坚实的瓶子，盛满着氢和空气的混合物，瓶外用手巾包起来（恐怕瓶子炸裂，发生危险）。当这瓶口移近蜡烛火的时候，你可以听到一种更响的爆炸声。

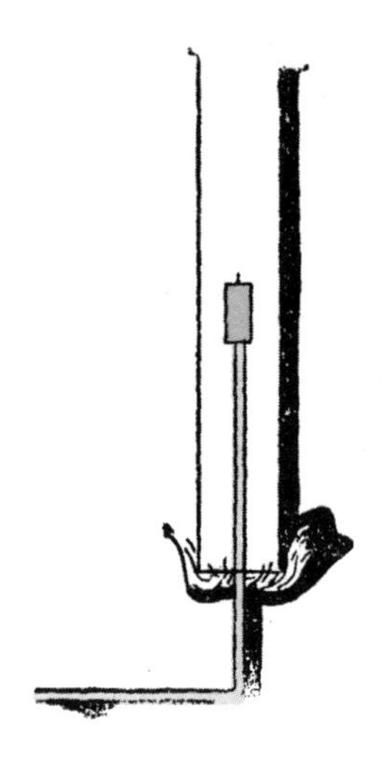

图十三 氢在瓶口燃烧

从这个实验，我们知道：

（1）氢是很容易燃烧的，燃烧时，产生淡蓝色的火焰。

（2）氢的火焰的温度是很高的。

（3）氢是不能维持蜡烛的燃烧的。

（4）氢和空气混合，遇到火，会发生猛烈的爆炸。

实验17. 现在把这盛氢的瓶口向上，很快地在瓶口点一个火，你看氢的火焰比瓶口向下的时候大得多。这是因为氢比空气轻很多的缘故。因为氢比空气轻，我们可以把氢从下面倒到上面去。拿两个瓶子，一个盛空气，一个盛氢，把有空气的瓶放在有氢的瓶上面，像图十四那个样子，过了几分钟，下面瓶中所有的氢，完全跑到上面的瓶子里去了。空气就把下面的瓶子填满。所以我们在下面的瓶口燃火，像以前那样的火焰是没有了，而在上面这个瓶口燃火，就看到了一个淡蓝色的火焰。

这个实验告诉我们：氢是比空气轻的。氢是最轻的气体，我们可以用它来做氢气球。

图十四 氢比空气轻

18.氢燃烧时产生了什么

现在让我们再来找出氢在空气中燃烧的时候，究竟产生了些什么东西？

实验18. 把图十二的那个制氢的瓶上的弯管子，换一个向上弯的玻璃管，氢便从这向上的玻璃管里出来。玻璃管是干燥的，我们在这玻璃管的尖端点一个火（注意瓶中有没有空气混合），并且像实验2一样，在这火焰的上面，罩一只干燥的玻璃杯，你看，没过多久，玻璃杯里面有了许多小的水点。这表示什么呢？这表示：当氢燃烧的时候，它和空气当中的氧结合，变成了水。

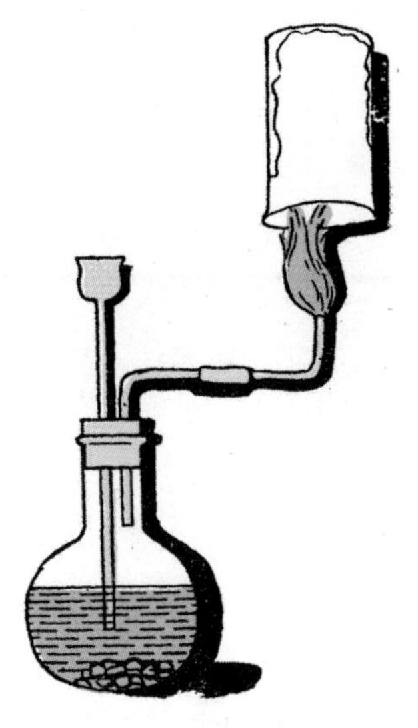

图十五 氢燃烧变成水

实验19. 除了水之外当氢燃烧的时候，还有什么东西产生呢？我们设法让氢在一个大的瓶子里燃烧，再把一些澄清的石灰水，倒进这氢燃烧过的瓶子里。你看，石灰水还是一样的澄清，并没有变得像牛奶那样浑浊。所以我们知道，在氢燃烧之后没有产生二氧化碳。在实验2做出来的那杯水是有些酸味的，因为水中还有二氧化碳的缘故。可是在实验18中所收集一满杯的水，我们一点酸味也尝不到。

现在我们回想，当蜡烛燃烧的时候，也有水产生，这种水是哪里来的呢？蜡烛的蜡里面一定也有氢，当蜡烛燃烧的时候，蜡烛里的氢和空气中的氧结合，从而变成了水。讲到水又要讲到空气，自然科学的每一部分都是有相联关系的。

记住，氢和一切的气体，只要温度足够低，我们都可以使它们变成液体或固体。

19.水的成分

现在，我们要研究一些关于水的成分了。我们已经知道（实验3）在空气中的氧是一种单独存在、没有颜色的气体。可是在水里的氧，它已经和氢化合在一起，变成了液体的水。我们又知道（实验12）当水分解的时候，每一个体积的氧，和两体积的氢同时产生出来，现在就有一个重要的问题要问：究竟多少重量的氧和多少重量的氢化合，才能变成水呢？要很精确地求出水中氢和氧的重量是一件很不容易的事，但是这是非常重要的，化学家不知道专心研究了多长时间才求出水里氢和氧精确重量。我们可以把他们所做的实验重新做一遍。这个实验，比以前的许多实验难得多，但比较更有趣一些。

实验20. 你知道那些金铺子里的伙计是怎样称他们的金子吗？化学家是用很精细的器具，叫作天平，来称他所要称的东西。

在这图上，A是一个硬玻璃管，放一些黑色的氧化铜在里面。B是一个弯的玻璃管，和A管用橡皮管连着，放一些白色的氯化钙在里面。C是一个瓶子，在这一个瓶里，我们用水、硫酸和锌，把氢制出来。D是一个瓶子，里面放一些浓硫酸，氢从C瓶里出来，往往同时含有水蒸气，现在把产生的气体，经过D瓶里的浓硫酸，所含的水蒸气，大部分被浓硫酸吸收了。E是一个放氯化钙的玻璃管，氯化钙也能吸收水蒸气，所以通过硫酸而出来的氢，现在又经过这白色的氯化钙，真完全是干燥了，那就是说现在从氯化钙出来的氢里，一点水蒸气也没有了。

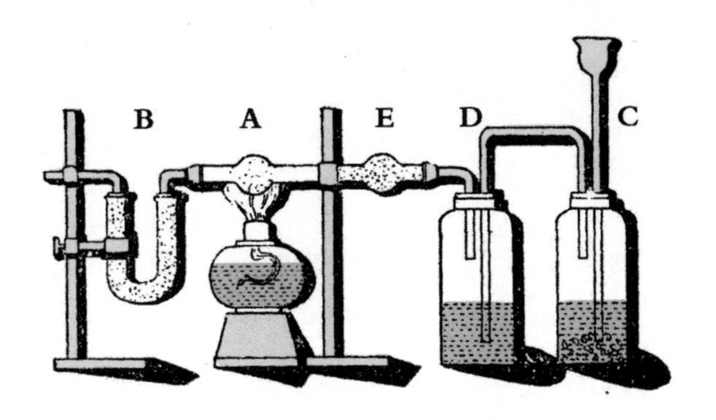

图十六 实验水的成分

在做实验的时候，我们先把那个放氧化铜的A管，在天平上称一下，两头从E管和B管上拆下来，很当心地放在天平的一端，天平的那一端放砝码，使两端十分的平衡，把这装有氧化铜的玻璃管，所称出来的重量记下来。然后再把那个放氯化钙的玻璃管B同样称一下，称得是多少，也记下来。

现在把这两个管子放回到原来的地方去，再好好地把A和E接上，把B和A接上。于是把硫酸从那个漏斗倒入C瓶里去，硫酸和锌便起化学反应，一个一个氢的气泡接连出来了。慢慢地经过浓硫酸，经过氯化钙，经过氧化铜，再经过氯化钙出来了，拿一个小的试管放在B口，把出来的气体收集起来，一次一次地尝试，究竟出来的是否完全是氢？如果不是，那么这许多管子的里面本来是有空气的，一定还没有被氢完全驱逐掉，等到出来的完全是氢了，于是，拿一只小的酒精灯放在这氧化铜的玻璃管下烧起来。你看，这黑色的氧化铜，一方面有氢通过着，另一方面又有火在烧，黑色的氧化铜慢慢地变成了鲜红的金属颜色了。并且，还有几点水在这管子里面冷却的部分凝结了。当这个管子完全烧热的时候，这凝结出来的水，就变了水蒸气，走到有氯化钙的B管来，你知道氯化钙是能够吸收水的物质，于是那水蒸气就被氯化钙吸收起来了。

氢继续通过氧化铜，等到那氧化铜的黑色完全没有了的时候，把酒精灯拿开，放着氧化铜的管子，等它冷却下来。让我们好好地找出我们所见到的是怎样一回事。这氢和氧化铜当中的氧，化合变成水，这水走到B管去，完全被氯化钙捕捉，一点也不能逃到管外的空气里去。而在那玻璃管里剩下的红色粉末，就是纯粹的铜。我们再来把那两个管子称一下。第一，现在管子A比以前轻了许多，因为管子里的氧化铜，已失去了它的氧，而变成铜了。第二，现在管子B比以前重，因为管子里氯化钙，已得到了一种东西，便是氧化铜所失去的氧，和从C瓶里来的氢化合而成的水。现在，我们知道：

（1）在做实验以前，里面是有氧化铜的，A管的重量为70.4g。

（2）在做实验之后，A管的重量为67.8g。

两种重量的差，就是氧化铜失去的氧的重量为2.6g。

（3）在做实验之前，B管的重量为53.533g。

（4）在做实验之后，B管的重量为56.458g。

两种重量的差，就是B管因为吸收水，所增加的重量为2.925g。

这个实验的结论怎样呢？我们可以很简单地回答：这2.925g重量的水，含有2.6g的氧，因为水里除了氧和氢之外，是没有旁的东西的，所以这么多的水一定含有0.325g的氢。或者可以这样说，两份重量的氢，和十六份重量的氧化合，而成十八份重量的水。

倘使实验做得仔细的话，一次一次地实验，所求出来的氢和氧的比是常常相同的。因此，我们知道关于化合物的一条大定律，就是化合物当中各种成分的比是常常一样的，十八份重量的水，一定有两份重量的氢，十六份重量的氧。

20.海水

我们知道海水是咸的，因为有盐溶解在里面。要做成咸水是很容易的，只要把普通的盐，放进去便可，这固体的盐不见了，或是说溶解了，水就变咸了。

实验21. 我们可以用蒸馏的法子来除去这种咸味，那就是把水煮沸使成水蒸气，再使它冷却下来。做这种实验，最好拿一只玻璃制的曲颈瓶，里面装盐水，用一只酒精灯，把水煮沸，水蒸气就从这曲颈瓶的颈口出来，通到相连的烧瓶里，把冷水倒在这烧瓶的外面，使瓶内的水蒸气冷却下来再变成水，这蒸馏过的水是没有咸味了的。这是纯粹的水，如果我们把所有的水都烧完之后，我们看见那固体的盐留在曲颈瓶里面。泉水和河水，有时也有盐溶解在里面，但是量很少，因此没有咸的味道。我们有一个很好的法子来实验水里有没有盐。

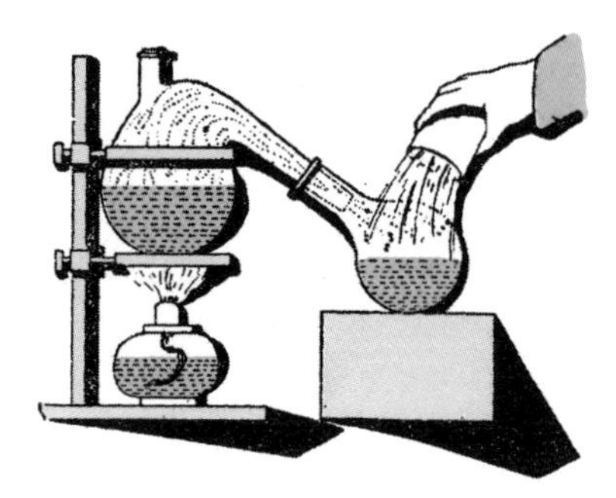

图十七 水的蒸馏

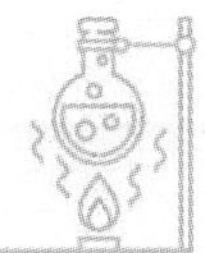

21.盐的实验

实验22. 拿两个清洁的大玻璃瓶，盛满蒸馏水或是清洁的雨水，把很小的一块盐，放到一个瓶里去，搅拌均匀，使所有的盐都溶解在水里，现在你尝一尝吧，究竟哪一瓶水是咸的？拿一瓶叫作硝酸银的溶液，小心地滴三滴到每瓶水里，立刻在这有盐的水里，有了白的疵点。而那瓶没有盐的水，仍旧那样清澈、透明。至于这白色的疵点究竟是什么东西？以后，我们会研究到。（看第70节）

22.溶解与结晶

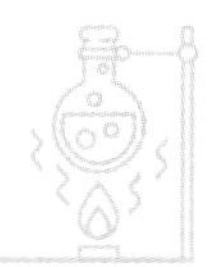

有许多固体东西是会很快地溶解到水里去的，像糖、苏打、明矾等。有许多只能溶解一点点，像石膏等。有许多是完全不能溶解在水里的，像砂泥和白垩。

实验23. 拿10g的块碱（又名洗涤曹达[1]）放到一个满装热水的水槽里，调和一下之后，这碱就完全溶解在水里了。这碱溶解在里面的水，我们叫它溶液。现在把这碱的溶液冷却下来，就有小粒的碱，又从水里跑出来，结在水槽壁上，将其取出放在小瓷蒸发皿中观察。这从水里结出来的碱，我们叫它结晶。

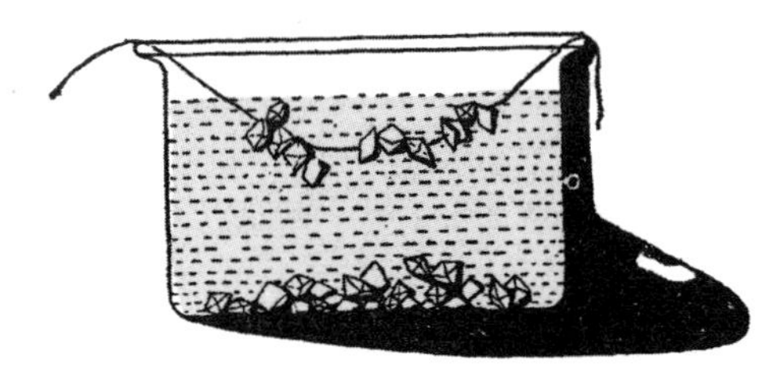

图十八 明矾的结晶

1.洗涤曹达：碳酸钠的一种，又叫洗涤苏打，用于生活洗涤。（编者注）

这些结晶的形状，是完全一样的，只有这个比那个大一点或小一点。

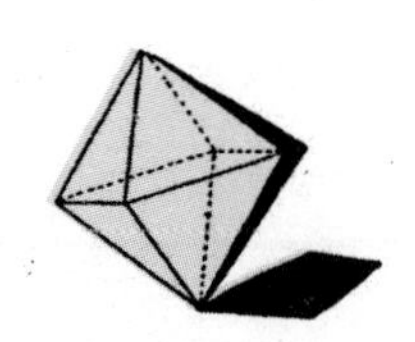
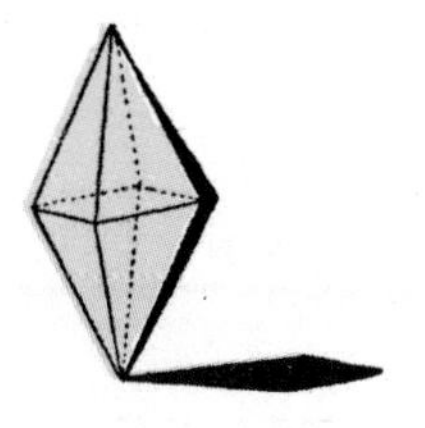

图十九 明矾结晶的形状和洗濯曹达结晶的形状

现在再拿10g的明矾放在10g的水里，这明矾的结晶和块碱的结晶是完全不同，它们的形状，看这里的图便可以知道了。

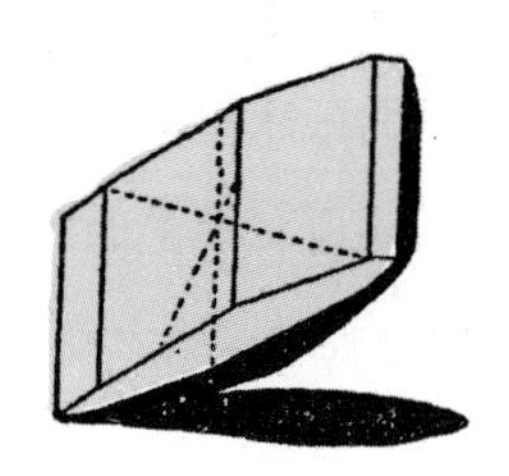

图二十 硫酸铜的结晶

实验24. 你可以再拿一些蓝色的硫酸铜试一下，这蓝色的硫酸铜结晶的形状，像上面的图一样的。

现在拿5g的明矾和5g的硫酸铜研成粉，很均匀地混合起来，放到10ml的热水里，再让这溶液冷却下来。仔细地看，这水有一些什么结晶析出来了？你看那无色的明矾就是析出来的，每一层有一层蓝色的硫酸铜隔开。这混合着的两种粉末放下去，现在很清楚地一层一层分隔的结晶析出来了。地球上有许多的岩石，都是由这样一层一层的结晶构成。

23.自然界的蒸馏术

雨水是哪里来的呢？我们知道雨水是世界上最清洁的一种水，由空气中的水蒸气凝结，从云里落到地下来。当热的风吹过海洋的时候，便从海洋带了许多水蒸气去，像水蒸气刚从曲颈瓶里蒸发出来一样。这热的水蒸气吹到冷一些的地方，便也冷起来，不能再和热的时候一样浮游在空中，于是就凝结起来，变成小的雨点落下来了。所以这雨水就是蒸馏水。这伟大的蒸馏，围绕在整个的地球的上面。只要你稍稍留意一下，你便明了地球上每一点雨水其实是从海洋里的水蒸馏而来的。

24.溶解和不溶解

海里的水是很不清洁的，有砂、有泥，还有种种旁的东西。河里的水看起来好像是清洁的，可是你把一瓶河水安静地放一会儿，一层杂质便沉淀在这瓶子底。这河水、海水里的砂泥和旁的会沉淀下来的杂质，你可以用过滤的法子除去它，就是把这含有杂质的水，倒在有白色滤纸的漏斗里，或是我们家里普通用砂和木炭做的滤水缸里，使它经过滤纸或是砂子和木炭，便会漏出很清洁的水来，而那些杂质就留在上面了。

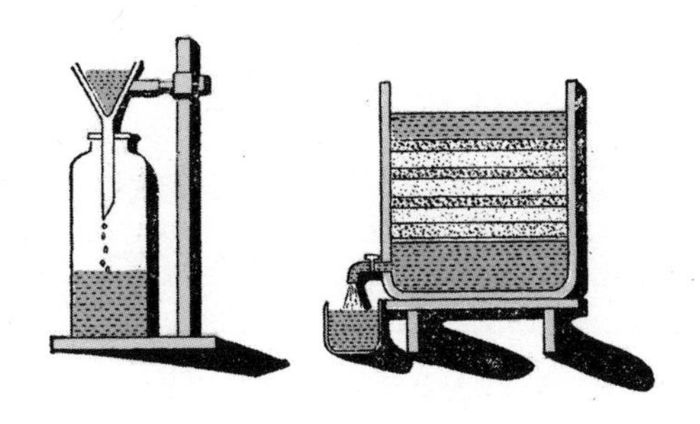

图二十一　水的过滤

实验25. 水里不溶解的固体是可以用这个方法来除去的，但是溶解在水里的杂质，即使你用最完善的过滤方法，也不能把它滤去。加一些红粉在水里，用滤纸滤过，你决不能除去这个红色。因为这红色是溶解在水里了。如果要除去这红色，或是除去能够溶解在水里的一切，唯一的方法只有蒸馏。

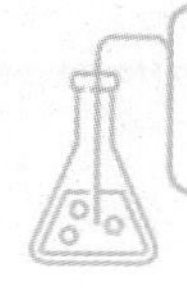

25.硬水和软水

实验26. 海洋里的水，非但有许多不能溶解的杂质混在水里，而且有时还有许多能够溶解的物质也溶解在水里。我们如果拿一些清洁的泉水，或是滤过的河水，放在一只清洁的瓷盆里烧，水就渐渐变成水蒸气，我们常常可以在盆底找到一些剩下的固体物质。要是我们拿一盆蒸馏水来烧，水烧完了，什么东西都没有留下来。这是因为雨水落下地来，流过泥土和岩石再到海里，泥土和岩石里的一部分物质可以溶解在水里，被这流过的水带了去，于是海水常常含有从地面带来的那些可以溶解的杂质。

自然，雨水落下来流到海里，在路上所带来的不同种类的物质，是因为雨水所经过的岩石和附近那些人弃下来的污物的种类不同而不同的。有许多泉水里的盐分比海水还要多，因为这种泉水在地下流过了一层固体的盐岩。

有杂质溶解的河水和泉水我们叫它硬水，刚落下来的雨水我们叫它软水。硬水当肥皂放下去，是不会立刻有许多泡沫的，只有一些渣滓浮在水里。

26.硬水的组成

实验27. 拿一些石膏粉放在一大杯的蒸馏水或是雨水（总之是软水）里，摇晃几下，使它们均匀混合。过了一段时间，把所有的水在一张滤纸上滤过，这滤过的水是非常清洁的，但这不是软水。如果用了肥皂在这水里洗涤东西，泡沫是很少的。如果把肥皂先溶解在热水里，做成一些肥皂泡沫，再把这肥皂水倒入这硬水里去，水里便没有肥皂的泡沫，只见许多肥皂的渣滓。须再加了许多肥皂之后，才有泡沫出现。

所以我们知道，泉水和河水因为有石膏，使硫酸钙溶解着，所以变成了硬水。这加过石膏而变成的硬水，就是煮沸也是没有用的，当它冷却下来的时候，仍旧是硬水。

27.硬水如何变成软水

还有一种硬水是含有碳酸钙的，我们知道（实验7）我们肺里呼出来的气体含有二氧化碳，这二氧化碳吹到澄清的石灰水里，就变成一种白色不溶解的粉，或者叫作白垩，这即是碳酸钙。于是，那澄清的石灰水立刻就变得像牛奶一样浑浊了。

实验28. 把实验7再做一次，并且要比前一次多吹些二氧化碳到这石灰水里去。如果你使劲儿吹着，吹了很久，你便可以看见，因为气吹多了，变出来牛奶样的浑浊现在不见了，水又像以前那样的清洁了，把这水用滤纸滤过，滤下来的水，虽然非常清洁，但是已变成硬水了。这究竟是怎样一回事呢？因为从肺里呼出来的二氧化碳能够溶解在水里变成碳酸，这碳酸有使白垩溶解的能力（白垩在纯粹的水里是不溶解的），现在水里面二氧化碳多了，一部分二氧化碳和石灰水反应，变成白垩，余下来的又使白垩溶解，因此变成了清洁的硬水。我们知道二氧化碳是一种气体，假使把这清洁的硬水煮沸，所有二氧化碳就都被驱逐出去了。于是，这溶解在碳酸里的碳酸钙就变白粉沉淀下来了。如果拿这种水来煮沸，煮沸之后，再过滤一下，用肥皂来试，便可以知道已不是硬水了。所以这种硬水是可以用煮沸的法子，使它变成软水的，我们叫它暂时硬水。用硫酸钙做成的硬水，不能用煮沸的方法变成软水，因此我们叫它永久硬水。还有一种办法，也可以使碳酸钙所做成的硬水变软，那就是加一些清洁的石灰水到这硬水里，使其和里面的二氧化碳反应，变成碳酸钙。硬水里的二氧化碳没有了，因为碳酸钙不能溶解在没有二氧化碳的水里，所以新变出来的碳酸钙便沉淀下来了。要大规模地使硬水变软，便是用这个法子。

28.河水

碳酸钙所做成的硬水和硫酸钙所做成的硬水是不同的，因为前者可以用煮沸，或是加石灰水的法子使它变软。而后者，这些方法都是不能变软的。譬如，雨水落下来，要是流过有硫酸钙的岩石，那便带了硫酸钙而变成硬水了。雨水虽然比旁的流动着的水清洁得多，但是也并不十分纯粹，因为空气里的二氧化碳可以溶解进去的（再看实验9），这种有二氧化碳溶解着的雨水流过石灰石的山，或是别的碳酸钙的岩石，于是变成了一种有碳酸钙的硬水。锅底上常常有一层坚硬的白色物质，这便是碳酸钙，这碳酸钙慢慢地在煮水的时候，便从水里分出来粘在锅底或是锅边。

如果雨水流过花岗岩，没有碳酸钙，也没有硫酸钙，它不能从花岗岩里拿到一些可以使它成硬水的物质，所以仍旧是软水。

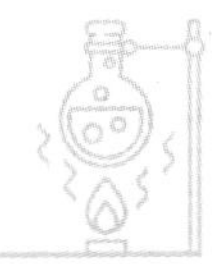

29.水里的毒质

如果水流过一个城市，或是近阴沟，常常会和人家屋子里流出来的那些污水混合，而变成一种不纯粹的水，这种不纯粹的水，虽然看起来很清洁、明亮，但是不能直接饮用，因为也许是毒的。所以大的城市，现在都用自来水，在离城远一些的地方，把水滤过砂和炭，再通过装在地下的铅管或是铁管，送到每一家去。这样每家所需要的水都是清洁而无毒的了。

30.气体如何溶解在水里

气体是能溶解在水里的，我们已经知道二氧化碳能溶解在水里，不过有许多气体能够溶解得多一些，有许多气体溶解得少一些。荷兰水（即汽水）就是有许许多多的二氧化碳体溶解着，所以当汽水的瓶盖一开的时候，这些气体都是争着飞出来的。空气也能够溶解在水里，如溶解在泉水里的氧，使你觉得它有畅快、可爱的味道，倘使把泉水煮沸，水里溶解着的氧就跑去了，当这水冷下来的时候，你便可以尝到它是淡而无味了。在河水或海水里有氧溶解，最重要的还是为了维持鱼类的生活，因为鱼类也像陆上动物一样是需要氧的。从什么地方它们取到氧呢？它们不是取那和氢化合而成水的氧，而是取那溶解在水里的空气中的氧，所以鱼常把大量的水吸到鳃里去，慢慢地把水里溶解着的氧提出来，满足自己的需要。如果你把鱼养在煮沸过而没有和空气接触的冷水里，这鱼是要死的，因为没有氧可以供给它们呼吸。

Chapter 4

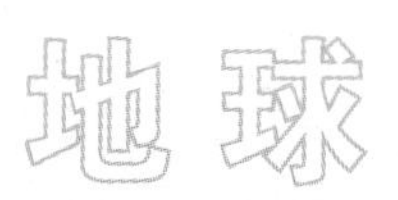

31.关于地球

我们已经知道一些关于火、空气和水的知识。现在，我们要研究构成地球的一切固体了。

火、空气、水好像都是很容易研究的。

火是物体燃烧，或其他化学反应所产生的热。

空气是两种气体的混合物，一种叫氧，另一种叫氮，空气包围在我们人的四周，我们每天要呼吸空气。

水是一种在地面上流动着的液体，由两种气体氧与氢化合而成的。

地球中所包含的固体，真是复杂得很，在这本小小的化学书里面，我们只能讲一个大略。

地球是固体，因为地壳外表的温度不是很高。各种固体，只要加热到相当的温度，都能变作液体，硬的铁可以在一个锅子里面熔化，倒出来像水一样的液体。地球上所有的一切固体岩石，都可以熔化，变成像水那样的液体。如果把那种液体再加热，还可以使它变成气体，只要有很高的热度就好。地球的里面是很热很热的，所以地球中心的岩石是液体。你听过火山爆发吗？这便是因为地球里面很热的液体岩石从一个小小的裂缝中挤压了出来的缘故。

现在我们拿几种构成地球的材料来研究，看从这些东西里面究竟还有什么可以拿出来。

32.从石灰石中制取二氧化碳

实验29.拿几块小的大理石(方解石、石灰石均可,它们的成分都是相同的),放在一个小瓶里,用一个木塞塞住瓶口,木塞的上面有两个小孔,把一个漏斗插在一个孔里,一个弯的玻璃管插在另一个孔里。再拿一个空瓶,放在那个弯玻璃管的下面,像下图一样。现在拿一些水,从漏斗倒入瓶里,再拿一些稀盐酸也从这漏斗倒下去,稀盐酸刚倒入,瓶子里的大理石上,马上产生许多小的气泡,这许多气泡都从瓶底跑上来,经过水,到瓶的空部,后来又从这弯的玻璃管,跑到那空瓶中来。

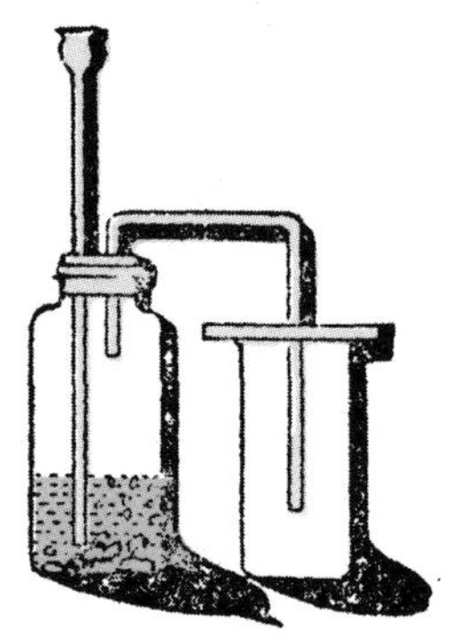

图二十二 大理石和稀盐酸制二氧化碳

几分钟之后，用一个燃烧着的蜡烛，放入这瓶里去，这燃烧的蜡烛，刚进入瓶子就熄灭了。再把石灰水倒入这瓶里去，这澄清的石灰水，立刻变得像牛奶一样浑浊了。这产生了什么气体呢？我们可断定它是二氧化碳，因为它能使燃着的蜡烛熄灭，使很澄清的石灰水变得像牛奶一样浑浊。

二氧化碳比空气重，我们可以从这一个瓶倒入另一个瓶里，像倒水一样。大理石本身含有二氧化碳吗？不，这是稀盐酸与大理石中的碳酸钙发生反应，产生了二氧化碳。

我们再做一个实验，先拿一块大理石，在强烈的火上烧半小时，看它有些什么变化？火烧过的大理石，好像和原来的有些不同。把盐酸倒上去，也没有气泡发生了。但是把冷水倒上去的时候，这块烧过的大理石就松成粉了，并且产生大量的热，连倒入的冷水也沸腾起来了。

我们现在知道，用火烧过的大理石会产生二氧化碳，同时生成生石灰。水倒入生石灰里，这生石灰就和水化合起来，产生很多的热，而变成熟石灰，所以大理石是二氧化碳和生石灰反应生成的化合物。从这坚硬的固体里，我们可以制出二氧化碳来。

泥水匠每天所用的石灰也就是这样制造出来的，他们用的原料是石灰石（大理石太贵了），石灰石的主要成分也是碳酸钙。把石灰石堆在一个砖砌成的石灰灶里，底下用柴烧，烧了一两天，石灰石中产生的二氧化碳跑了出去，石灰石就变成生石灰了。

把生石灰、水、砂三种东西混合起来，就是三合土。把三合土铺在地上，三合土中的石灰慢慢地吸收空气中的二氧化碳，变成碳酸钙。碳酸钙是坚硬的，所以铺在地上的三合土，经过几天之后，就会变得像砖石一样地坚硬了。

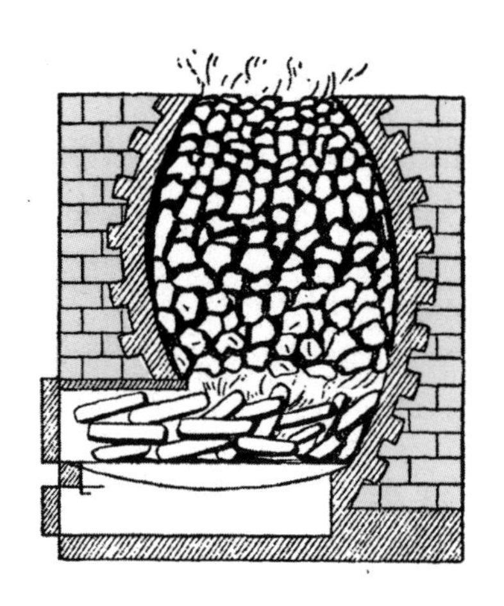

图二十三. 普通的石灰灶

水泥（水门汀）也是石灰做成的。把石灰石和黏土碾细混合，加热到1400~1600 ℃，使这石灰石（现在早已变成生石灰了）和黏土都好像要熔化一样，等它冷却下来的时候，加一些烧过的石膏粉（把石膏拿来烧一下，不要温度太高，大概在200 ℃之下，半小时之后，这有光泽的石膏便成一种死白色、容易破碎的物质，那即是烧石膏。把水和烧石膏的粉末混合起来，这烧石膏和水的混合物，过了半小时之后会凝结成固体，学校里所用的粉笔和石膏模型便是烧石膏做成的）进去，于是变成了普通的水泥。水泥和适当的砂、水、细石块混合起来（这混合物叫混凝土），过了一两天，就会变成像天然石块那样坚硬的。假如在这混合物的中间，再放一些钢条，那么更是坚实，现在的那些高大的建筑，都是钢条和水泥建造的。

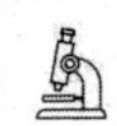

33.氧的制法[1]

实验30. 现在我们再拿在地球上的别一种东西来做实验，这是没有像大理石那样普通，但是这种知识却是很重要。实验方法：拿出一些“氧化汞[2]”（又名三仙丹）的红色粉，把它放在一个硬的试管里，试管上塞着一个有孔的木塞，拿一个弯的玻璃管插在这孔里，用一个夹子把试管夹住，把玻璃管的那一头，通到一个盛满水且倒放在水槽里的瓶子底。现在把这红色的粉末加热。你看，它的颜色黑起来了，一些又亮又白的小珠子附着在试管中冷的地方，一个一个的气泡产生了，通过那个管子，被这倒放着的瓶子收集起来。我们可以用一个燃烧着的火柴，来实验这是什么气体，我们可以立刻知道，这是氧。因为火柴的火焰是比从前亮得多了。

1.现在初中化学常用的三种制氧方法：加热氯酸钾和二氧化锰的混合物，采用固固加热装置，用排水法收集；加热高锰酸钾，采用固固加热装置，用排水法收集。；在二氧化锰的催化下分解过氧化氢，采用固液型装置，用排水法收集。（编者注）

2.氧化汞：是一种碱性氧化物，亮红色或橙红色鳞片状结晶或结晶性粉末，几乎不溶于水，不溶于乙醇。剧毒，有刺激性。（编者注）

图二十四. 三仙丹加热制氧

我们再把所有的红粉烧完，使它都变成氧和那种留在试管里的白色、光亮的东西。当这试管里没有红色粉的时候，就拿开那个塞子，再拿开酒精灯。等全部都冷却下来了，就把这结在瓶口的光亮液体一点一点地刮下来，把瓶子摇一摇，一大点液体金属就从玻璃管里收集起来了，这种金属就是水银，或称为汞。

现在我们知道这红色的粉在加热的时候可以分解成两种不同的东西，即氧和水银。这红色的粉，非但在加热的时候总是分开而成水银和氧，并且一定重量的三仙丹，常常会生出一定重量的水银和一定体积的氧的。

这红色的粉叫氧化汞。因为这是氧和水银（即是汞）的化合物。起初是没有一人知道这红色的粉是含有两种不同的东西的，可是一经实验，就明白了。化学家又找到氧化汞里，水银和氧的重量。例如216g的氧化汞，常常可以制出200g的水银，16g的氧。由此我们又可证明“化合物里面的成分，是永远不变的”定律了。

34.氧的故事

讲到这儿，我要告诉你一个关于氧的故事了。在160年之前，瑞典人卡尔·威尔海姆·舍勒（Carl Wilhelm Scheele）和英国人约瑟夫·普里斯特利（J.Joseph Priestley）虽然已经先后发现了氧，但是他们还不知道物质的燃烧，是物质和氧（或其他物质）化学结合所发生出来的现象。他们谬误的意见，以为物质都能够燃烧，是物质中含有火质的缘故，当物质燃烧的时候，就把他的火质放了出来，放完之后，于是便不能再燃烧了。氧，那时他们叫它无火质的空气，因为它是不能自燃的。把蜡烛放在氧中，火焰非常光亮，把小鼠放在氧中，看见小鼠更是活泼！因此又叫它纯空气。那时普里斯特利发现小鼠在氧中更活泼，真是欢喜极了。他自己把那种纯空气（氧）吸进去，并且说：

“我和这小鼠是多么幸福呀！有史以来，只有我和这小鼠能够吸到这种纯粹的空气呢！”

“可是这种纯粹的空气是不适宜强健的人呼吸，蜡烛在纯粹的空气中，虽然更光亮，可是也更容易烧完，人的寿命谁说又不是如此短促呢？所以自然对于人类，真是最适宜了。”

那时，许多化学家都深信着火质说（物质燃烧因为含有火质的缘故），可是独有一位法国化学家安托万-洛朗·德·拉瓦锡（Antoine-Laurent de Lavoisier），却不相信他们的学说。他说：

“化学家的火质论，实在是一种空泛的学说。化学家每遇到一种疑难的问题，便牵强附会地拿火质来说明。有时，说火质是有重量的，有时说是无重量的。有时认为火质即是火的本身，有时认为火质是火与他种原子化合而成的。有时说火质可以穿过器皿的细孔，有时又说不能。物体的腐蚀性和不腐蚀性，有色和无色，透明与不透明，都拿火质来解释。难道火质真是这样万能，并且随时可以变化吗？”

在1783年的时候，他很勇敢地拿他研究的结果，向信仰火质说的学者宣战了。

他拿一只曲颈瓶，里面放了水银，瓶口由水银盘中伸入玻璃钟罩内，将曲颈瓶放在炉上烧。像图二十五一样。

图二十五 拉瓦锡实验分解氧化汞

继续燃烧，烧了十二天，看见曲颈瓶中水银面上多了一层红色的粉，同时那边玻璃钟罩里的空气却少了许多。他又把那种红色的粉拿来加热，红色的粉又放出了一种气体，而变成了水银，红色的粉放出的气体的体积，恰和水银变成红色的粉时玻璃钟罩里空气减少的体积相等。于是，他说：

“水银变成红色的粉（即是三仙丹）是因为它吸收空气中的一部分物质的缘故，被水银吸收的和现在红色的粉所放出的是同一种物质。这一种物质和其他物质化合，变成化合物。燃烧，不过是它们化合时所发生的现象。”

“这一种物质不是火质说学者所说的那种迷离不可捉摸的火质，而是空气的一部分，那即是火质说学者所说的，无火质的空气。”

这一种事实的证明，把谬误的火质说推翻了。拉瓦锡把这无火质的空气改称氧。伟大的拉瓦锡对化学进行了一场大革命，开启了新化学的大门。拉瓦锡是近代化学的鼻祖。

35.制氧的另一法

从三仙丹加热制出来的氧，是很少的，我们实验了一次，便用完了。有许多别种含有氧的物质，是都可以拿加热取氧的。有一种白色的结晶叫氯酸钾，氯酸钾中含有39%的氧，我们拿氯酸钾加热，氯酸钾就分解而成氧和氯化钾。

但是这种氯酸钾虽然含有39%的氧，当加热的时候，也会分解，只是它的分解是很慢的，我们假如拿一些氯酸钾，放在一个玻璃瓶里加热，烧了半小时，有时出来的氧，还只有一些。但是我们再拿一种黑色的粉——二氧化锰，放在玻璃瓶中，和氯酸钾混合加热，氯酸钾中的氧立刻分解出来了。普通实验室中制造氧都是用这个方法的。二氧化锰加在氯酸钾中，能使氯酸钾分解得容易并且快一些，二氧化锰自己没有变化，像这样的物质，我们叫它接触剂[1]。

把氯酸钾和二氧化锰加热制氧的装置，也像图二十四一样的。

至于商业上大规模地制造氧，或是从空气中取得的。

1.接触剂：通过表面接触产生催化作用的催化剂，又称触媒，催化剂。（编者注）

36.氧的性质

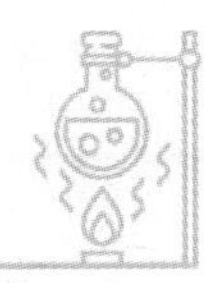

从这制造出来的氧，你可以知道：

（1）把一支蜡烛插在一根铁丝上燃烧又吹灭，烛芯还红着的时候，放进瓶里去，这吹灭了的蜡烛，当放进这氧的瓶里去的时候，又燃烧起来了。如果你倒一些石灰水在瓶里，你可以证明现在二氧化碳又产生了。

（2）一块烧红的炭，在氧里燃烧得非常光明，一样会产生二氧化碳。

（3）一小块熔化了的硫黄，放在一个燃烧匙中，当燃烧匙放进氧的时候，硫黄燃烧了，并且还有一个很光亮蓝紫色的火焰。

（4）很小的一块黄磷放在一个燃烧匙中，放进氧气瓶中，黄磷就耀眼、灿烂地燃烧起来了。

从上面这几个实验中，我们可以知道氧是一种很活泼的物质。它是很欢喜和各种物质化合的。物质和氧发生反应，叫作氧化。和氧化合而成的物质，叫作氧化物。如三仙丹叫汞的氧化物。

这无色、无味、无臭的氧，虽然很能知道和其他物质化合，帮助其他物质燃烧，可是氧是不像氢那样自己能燃烧的。氧比空气重一些，一升的氧，计重1.429公分，并且也能溶解于水。

硫黄在氧里燃烧产生的无色气体，和磷在氧里变成的白烟都是酸性的物质，如果你倒一些蓝色的石蕊试液到每一个瓶子里，你可以看见这蓝色的液体是会变成红色的。大多酸类里是含有氧的，所以拉瓦锡称氧为酸的要素。

纯粹的氧，可以拿来医病，装在钢筒里，拿到煤矿、轮船、潜水艇等缺少空气的地方，可以供给人类呼吸，在工业上还有许多的用处。

37.氧是自然界中最多的物质

在自然界中，氧真是最多了。空气中有1/5是氧，水中有8/9是氧，地球中的各种岩石、矿石，大都也是含有氧的，整个固体的地球，有一半是氧。

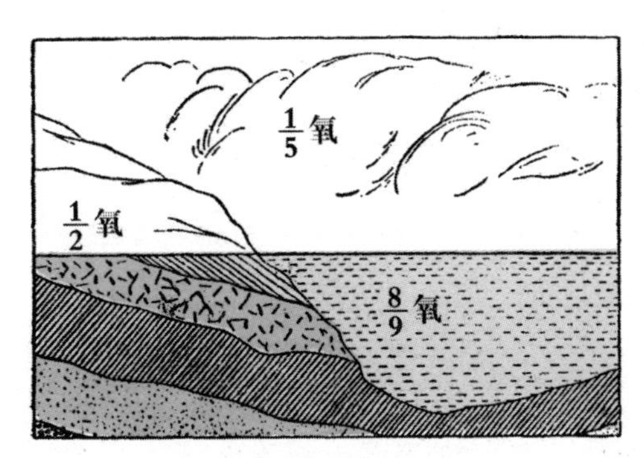

图二十六 照重量计算，
空气中有1/5氧，水中有8/9氧，地壳中有1/2氧

38.金属氧化后重量会增加吗

构成地球的固体物质大都含有氧。金属中像铁、铜、银、锌、铅，都能像水银一样和氧化合，而成一种金属的氧化物。金属氧化之后，一定比未氧化之前要重，因为氧和金属化合变成氧化物，氧化物比本来的多了一些氧，氧是有重量的。

实验31. 要证明这句话，拿一个小的蹄形磁石来。把磁石放到铁屑的盒里，于是许多铁屑便像一个小石子一样附着在磁石的两端了。拿一个天平，一面挂这磁石，一面放砝码，使两面一样重。拿一只酒精灯，放在附有铁屑的磁石下面，铁屑烧得红了，它就和空气中的氧化合，变成了铁的氧化物，那就是我们常看到的铁锈。如果挂在磁石上的铁屑是很多的，烧久之后，这天平的两面就不相等了，所变成的铁锈要比原来的铁重。

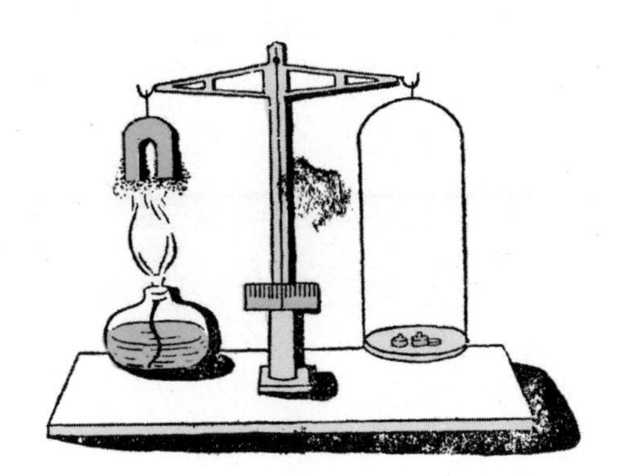

图二十七 铁屑氧化之后，重量增加

39.构成地球的金属

从上面这两个实验，我们知道，那样像泥土的物质，有时会含有很光亮的金属的。现在让我们再做一两个实验来证明这件事。

实验32. 拿一小块蓝色的“硫酸铜”结晶，溶解在一试管的热水里。拿一把擦得很亮的小刀，或者一块光亮的铁，放到这蓝色的硫酸铜溶液里去。半分钟之后，把那把小刀拿出来，这把小刀浸到硫酸铜的部分，已变成红色了。把这红的一层擦下来，我们得到了一些红亮的金属铜。把小刀再往蓝色的液体里放一些的时候，这液体的蓝色就不见了。在那把小刀上却结了更多的铜。这个实验告诉我们，从这蓝色的硫酸铜液体里，可以拿出金属的铜。

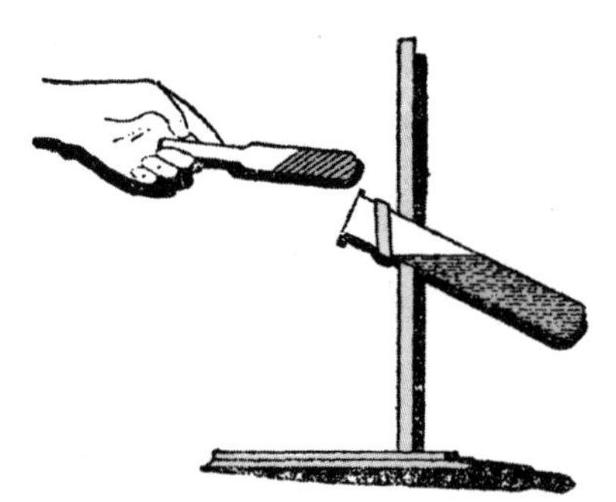

图二十八　从这蓝色硫酸铜里拿出铜来

实验33. 拿五公分白色的“醋酸铅”放在一玻璃杯的水里，当这醋酸铅溶解之后，拿一小块锌挂在一个木棒的上面，放进这液体去。过一夜之后，金属铅的结晶，就附着在那小小的锌上了，像一枝好看的树，像一朵美丽的花。这告诉我们“在白色的醋酸铅结晶里，是有金属铅的”。

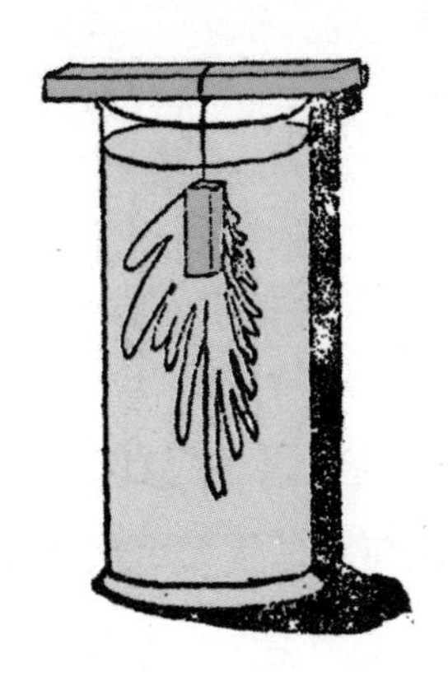

图二十九 从白色醋酸铅里拿出铅来

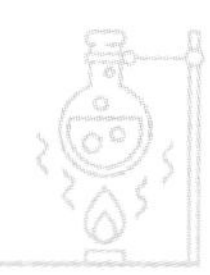

40.什么是煤

煤是什么东西呢？我们知道，煤里面有碳，因为煤燃烧的时候，和空气中的氧反应，生成二氧化碳。煤是从煤矿里取出来的，有时煤深深地藏在地下，有时很浅地没（mò）在地上。但是煤是怎样形成的呢？煤里面除了碳还有些什么东西呢？什么东西可以从煤里制出来？煤有些什么用呢？

煤的成因，讲起来觉得奇怪，但却是真的。现在的煤就是几千年前，地面上的树木因为地壳的变动，把树木压在很深的地下，经过很久的时间，慢慢地变成现在的那些煤了。

当煤燃烧的时候，我们可以从那光亮的火焰中得到二氧化碳，又可以从那黑烟里，找到黑的碳粉。除了碳外，煤里面还有氢、氧、氮和硫等。

至于煤中碳、氧、氢等成分的多少，因为煤类的不同而不同。普通可以分成泥煤、褐煤、烟煤和无烟煤（也叫作白煤）四种。泥煤是年代最近的煤，含碳最少，杂质最多。无烟煤是年代最久的煤，含碳最多。下面是一个各种煤的成分表。

煤	碳	氢	氧、氮
泥煤	60%	6%	34%
褐煤	67%	6%	28%
有烟煤	89%	5%	6%
无烟煤	94%	3%	3%

41.煤气的制造

实验34. 拿一块煤打成粉，放在一只试管中，上面加一个木塞，木塞上有一个孔，装一个玻璃管，通到一个小玻璃瓶里，这玻璃瓶的塞子是有两个孔的，还有那个孔也装一个玻璃管，像下面的图一样。

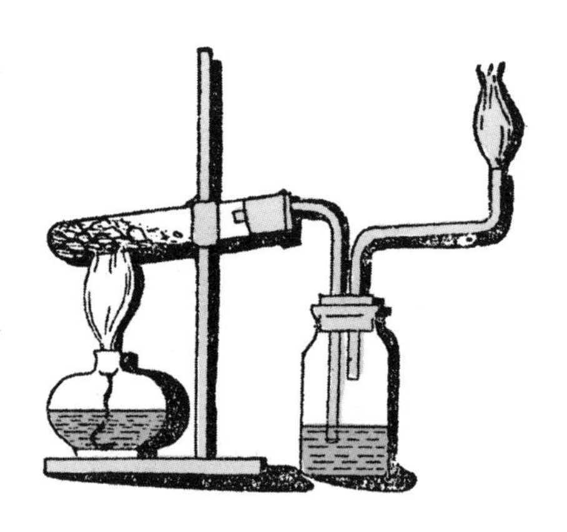

图三十 制煤气

把试管放在酒精灯上烧，不久之后，从这煤中跑出了一种气体，这气体中的一部分遇到冷空气，就在瓶中凝结成黑色的液体，一部分从瓶上的那一个玻璃管出来了，这出来的气体是可以燃烧而成一个很光亮的火，我们叫它煤气，那凝固在瓶中的液体叫作煤膏。

煤气含有碳，煤气燃烧的时候，也可以变成二氧化碳，使澄清的石灰水变成浑浊的。煤气里面还有氢，燃烧的时候和空气中的氧结合变成水，用一个干的玻璃罩罩住这煤气的火焰，几分钟之后，你可以在这玻璃罩里面，找到几点小水珠。

这样制出来的煤气是不纯粹的，纯粹的煤气，是没有颜色，我们看不见的。

煤气的用途很广，大都市上用煤气来煮饭，又用煤气来点灯。这种用作煮饭或点灯的煤气，是那大的煤气公司制造出来的，从装在地下的管子，送到居民家里供给他们使用。煤气公司制造煤气的法子也和我们做的实验一样，当然他们是不用试管的，他们有用砖或铁做成的很大的炉子，将很多很多的煤倒入这种大炉子里面，炉子下面也用火烧，煤因为热得厉害，就产生煤气了，用一只大的铁箱子把这些煤气收集着，然后再从地下的管子，送到各家各户去。

煤粉放在试管里被下面的火烧着，煤气便蒸了出来，我们现在把煤粉上面盖着的木塞拿去，可以看见一种褐色的焦炭，留在这试管的中间，这是煤中很纯粹的碳，现在剩下了。煤里一部分的碳和所有的氢，在蒸馏之后变成气体出来，而一部分很纯粹的碳没有变成气体仍旧留在里面，那就是焦炭。

煤的种类非常多，有些煤所含的氢很少、碳很多，用这种煤蒸馏，只有少量的煤气可以制出来，而剩下来的焦炭却是很多。这一种煤是不适合制造煤气的。

42.制造煤气的副产品

从煤蒸馏出来的煤气，是常带着一种黑色液体物质的，这一种液体物质叫煤膏。从前，煤膏是没有用的，后来英国有一个十八岁的少年，他的名字叫潘经（Perkin），听人家说从煤膏中可以炼取出金鸡纳霜。于是，他在家里设了一个简陋的实验室，每天晚上做实验，后来金鸡纳霜并没有造出来，可是却在无意中有了更重大的发现。当他把重铬酸钾倒入一种从煤膏中提取出来的物质（苯胺）的时候，产生了一种黑色的沉淀。这黑色的沉淀，在别人看来，一定以为没有用而会把它抛弃的，可是潘经却留着再研究。结果，他发现了这种黑色沉淀是可以染色的。

这可以染色的黑色沉淀，就是现在我们染黑常用的苯胺黑。自此以后，大家对于这被人认为一无用途的煤膏开始密切地注意了。后来又从煤膏中，提炼出了许多化学品，到现在这黑色的煤膏，简直是化学品的聚宝瓶了。很香的香水，数百种的悦目的染料，治病的阿司匹林，可以做肥田粉的硇精[1]，铺马路涂房子的柏油，还有一种轻油，都是从这黑色的煤膏中提炼出来的。化学是多么奇异、有趣和伟大呀！

1.硇精：即氨，也称阿摩尼亚，氮和氢的化合物。是一种无色、有强烈的刺激性气味。氨有广泛的用途，是世界上产量最多的无机化合物之一，多被用于制作化肥。（编者注）

如果我们中国在大都市，如上海、北京、天津、汉口、广州、杭州、成都、济南、南昌等地，各设煤气厂一所（有几处已设了），那么每年需煤一千万吨，这一千万吨所发出来的煤气，可以供给一千六百万人使用。并且除了煤气之外，还可得到下列这许多副产品。

焦炭	7,000,000吨
硇精	700,000吨
硫酸	300,000吨
造路柏油	28,000,000加仑[1]
汽车用油	8,000,060加仑

至于其他的副产品，还没有计算在内，这许多副产品，将可以抵制多少的舶来品[2]，挽回多少的利益呢？

1.加仑：一种容积单位，简写gal。加仑又分为英制加仑和美制加仑，两者表示的大小不一样。（编者注）
2.舶来品：指通过航船从国外进口来的物品。旧时外国商品主要由水路用船舶载运而来，因此而得名。（编者注）

43.煤的用途

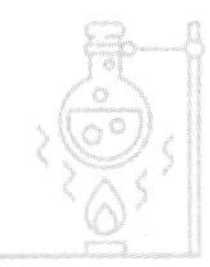

讲到煤的用途，我们很难用简单几句话说出来的。试想，假使我们中国没有煤，我们将要怎样呢？我们许多的制造都是依靠着煤的，许多的安适生活是依靠着煤的，冬天天气很冷，把煤烧起来，就热了，我们要到上海、北京，有火车或是轮船会很快地带我们去，火车和轮船为什么能够带我们去呢？也全靠着煤啊！

44.煤气与火焰

前几天我们看到过氢的火焰，真是一点也不亮（参阅实验18），为什么煤气灯倒是很亮的呢？这里有一个实验，可以立刻告诉你。

实验35. 此地有一只本生灯[1]，（看图31）是点煤气用的，煤气是从旁边那个横的小管子a通进去的，从那个直的大管子通出来，我们在大管子的口上把煤气点起火来，便成功做成了一只又简单又合用的灯了。大管子底下有两个小的孔，空气从这小孔里继续不断地进去，使煤气完全地燃烧，放出很强大的火来。

1.本生灯：德国化学家本生发明，用煤气做燃料的一种能产生高温的装置，多用在化学实验室中，通称煤气灯。（编者注）

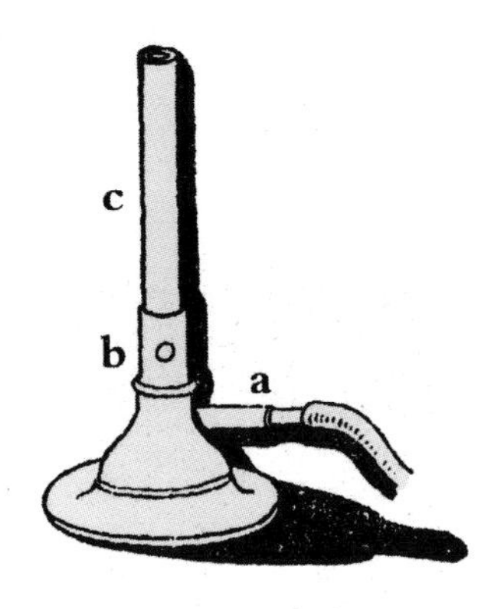

图三十一　本生灯

当这本生灯燃着的时候，我们用手指把这灯底下的小孔盖住，它的火焰就立刻明亮起来了。把手指放开它又立刻失了明亮，像原来一样发出一个蓝火焰。还是因为在光亮的火焰中，有许多很小的固体的碳粉，而在蓝色不亮的火焰里是没有的。假如拿一张纸，在这光亮的火焰上放几分钟，这白的纸会有黑烟薰着，但在不光亮的火焰上放几分钟，那是不会有黑烟的。由此可知，在光亮的火焰里，煤气的燃烧并不完全，还有固体的碳在这火焰里存在着。所以，火焰很光亮。在蓝色的火焰里，煤气里所有的碳都被从这大管子下面的孔里进来的空气燃烧完了。火焰里没有固体的碳存在着，所以一些也不光亮。

实验36. 如果我们仔细把一蜡烛的火焰观察，那也可以分作三部分。

(1) 最外的一层蓝色，看不十分清楚的，这一层燃烧完全，温度最高，我们叫它外焰。

(2) 中间很光亮的一层，这一层燃烧不完全，如果固体的碳，留在火焰里，我们叫它内焰。

(3) 最里的一层，是些从蜡烛里出来还没有燃烧的气体，光色暗黑。

这蜡烛实际是一个小的煤气厂。蜡是这煤气厂蒸馏所用的原料，烛芯是用那蒸出气体的管子，蜡烛的气体，沿着芯子运到顶上，于是就在那里燃烧了。

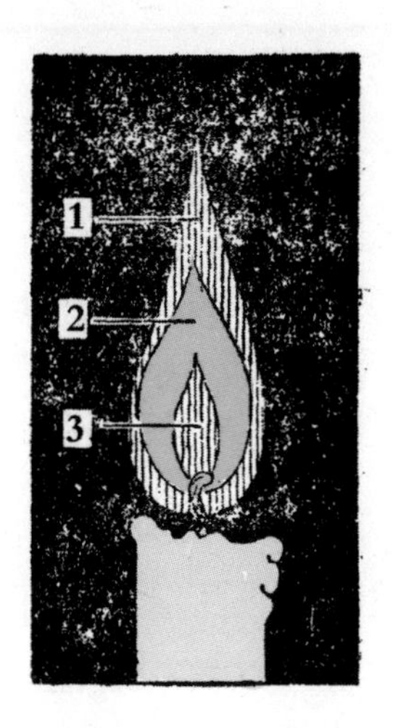

图三十二 蜡烛的火焰

我们可以实验最里面黑色的一层究竟是不是没有燃烧过的气体。用一个弯的小玻璃管，一端放在火焰黑色的中心，那没有燃烧的气体，就经过这弯的玻璃管出来，可以在管子的那一端燃烧。

45.煤矿爆炸的原因与预防

你听到过煤矿的爆炸吗？这深深的煤矿里，当然也有煤气的，有时这种煤气与空气混合起来，忽然着火就发生爆炸了，许多矿工就烧死在里面了。煤矿深深地埋在地下，那里一点光亮都没有，黑暗得什么都看不见，这样黑暗的煤矿，我们怎样进去工作呢？如果你带着一支蜡烛进去，那煤矿里的煤气就要燃烧起来，可怕的危险就发生了。怎样才可以避免那种危险呢？那我们只需走进煤矿的时候，不拿蜡烛，用一种灯，叫作安全灯。

拿一块铁丝网放在一个火焰的中间，这火焰只能在铁丝网的底下烧，不能到铁丝网上部来。看下面图吧，一看就可以明白的。这是什么缘故呢？因为这铁丝网能够很快地把火的热吸收去，因此铁丝网的上部的温度不够，虽然也有可以燃烧的气体，但是它是燃烧不起来的。

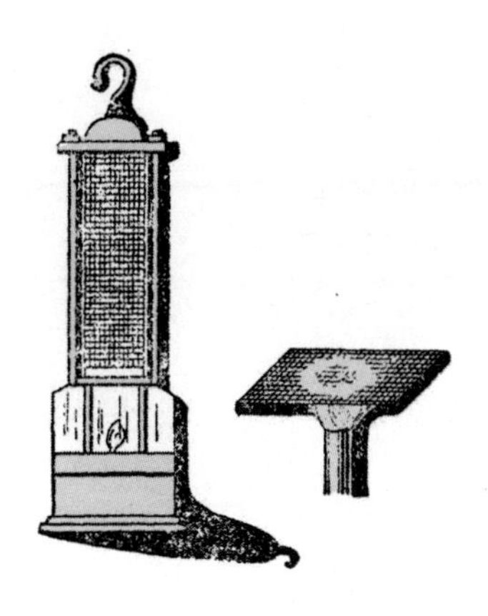

图三十三 安全灯和它的原理

假设我们做一只灯，外面拿铁丝网包起来，铁丝网中火焰的热，因为上面讲过的那个缘故，不能跑到铁丝网的外面来，拿这样的一只灯，到煤矿里面去，虽然铁丝网的四周有许多可以燃烧的煤气，但是火焰的热完全被四周的铁丝网吸收了去，灯的外面没有足够的热，怎么能够燃烧呢？这就是安全灯的之所以能够保全许多矿工生命安全的理由。

上面的图便是一只安全灯，你看火焰包在铁丝网的中间，底下是一只装油的盒子，你想是多么简单的科学原理呀！然而它能够救很多人的性命。如果没有这个灯，我们怎样从这黑暗的煤矿里把煤挖出来呢？

Chapter 5

单质和化合物

46.单质和化合物

以前的许多实验，已经告诉我们构成地球的物质究竟是些什么东西。化学家早已做过许多的实验，所以地球上一切物质的成分他们都知道了。化学家的事业与责任便是实验每一种他所见到的东西，他必须去晓得它是由什么东西构成的。

化学家把所有的东西，无论是从空气里拿来的，或是从海里拿来的，或是从地球的内部拿来的，无论它本来是矿物，它本来是植物，或是动物，都可以拿来实验。他们发现所有的物质，可以分成两大类：

(1) 单质——不能再分成几种不同的物质。

(2) 化合物——可以想办法把它分成两种或两种以上不同的物质。

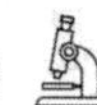

47.关于化合物

在气体中，氧是元素，没有旁的东西可以从氧里拿出来的。氢是元素，理由也是一样。二氧化碳是化合物，因为它是碳和氧化合而成的。在液体中水是化合物，我们已经研究过，有许多法子可以证明水里有两种元素，即氢和氧。同样的，有许多固体是元素，有许多固体是化合物。三仙丹（氧化汞）是化合物，因为我们可以从三仙丹里拿出金属汞和氧。食盐也是化合物，从食盐里可以制出一种黄绿色的氯气和一种旁的金属，我们叫它钠。硫酸铜也是化合物，从硫酸铜里可以制出光亮的铜和其他东西来。但是硫、碳、磷、铜、铁、银、金这许多的东西，都是由一种元素组成的，被称为单质，化学家是不能从这些东西里制出旁的东西来的。

48.混合物与化合物

在这里有一件事应当注意，有许多物质，譬如说空气，虽然也可以分成几种不同的物质，可是它并不是化合物而是混合物。现在我们拿在“火”这一章中所说到的消石灰和硫化亚铜作例，说明混合物和化合物的不同。

首先，我们知道硫和铜结合生成硫化亚铜；水和生石灰结合生成消石灰的时候，都会发生热或光，可是我们假设拿氧和氮混合成空气，却并没有热或火光等现象。其次，硫和铜结合生成的硫化亚铜，和原来的硫的性质是完全不同的。水和生石灰结合生成的消石灰，性质也和原来的水与生石灰完全不同。而氧和氮混合而成的空气，性质却和原来的差不多，氧是能帮助其他可燃物燃烧的，由氧和氮混合而成的空气，也能帮助其他可燃物燃烧。氮是不能帮助其他可燃物燃烧，所以空气助燃的能力要比氧差一些，因为空气中有不助燃的氮存在着。

因此我们知道，像硫和铜，水和生石灰，结合的时候会产生光或热，结合而生成的物质，与原来的物质完全不同。这样的结合我们叫它化学结合，或叫化合。而氧和氮混合成的空气，混合的时候并没有产生热或光的现象，混合成的物质、性质又和原来的差不多，氧和氮并没有发生化学变化而变成

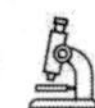

一种新物质，只能叫它混合。

由化合而生成的物质，我们叫它化合物。由混合而成的物质，我们叫它混合物。消石灰是化合物，硫化亚铜是化合物，空气却不是化合物而是混合物。化合物的成分是一定不变的，混合物的成分却并不一定。空气的成分，虽然氧约占21%，氮约占78%，但我们知道溶解在水中的空气（空气也能溶解在水中），成分却是氧约占35%，氮约占65%，如果空气是化合物，那么虽然溶解在水中，其成分也绝不会变。空气的成分通常是一定的，那是因为一方面由燃烧、呼吸、腐败等使空气的变化（减少氧，增加二氧化碳）和另一方面植物的作用使空气变化（增加氧，减少二氧化碳），二者彼此相等，彼此相消，而且空气的体积非常大，风又常常吹动，即使局部有变化，经风一吹后也感觉不到了。

49.关于元素

许多化学家把我们四周的一切，持续不断地实验着，他们发觉在地球的上面，地球里面，或是在地球表面的一切物质，都是由九十几种元素[1]中所组成。有许多元素是普通的，在地球上是非常多的，有时以单质形式自由存在着，有时和其他物质化合成一种化合物存在着。譬如说，氧在空气里是一种单质，但有时却和氢化合成水，和许多别的元素化合而成各种氧化物。有许多元素在世界上是很少的，有的只有几处地方有那种元素，并且也没有多大的用处。

为便利起见，我们把所有的元素分成三大类：一类叫金属元素，如铁、铜、金、银；一类叫非金属元素，如硫、碳；还有一类是稀有气体元素，这里暂且不表。

下面是一个重要元素的表[2]：

1.现在已不止九十几种。（编者注）

2.此处只列举了一些常见的非金属元素和金属元素。（编者注）

非金属元素	氧 氢 氮 碳 氯 硫 磷 硅
金属元素	铁 铝 钙 镁 钠 钾 铜 锌 锡 铅 汞(水银) 银 金

各种元素，各有它不同的性质，用这不同的性质，我们可以把这一种元素和另一种元素分别出来。有些元素的性质是差不多的，有几种元素的性质却差得很多。譬如说，铅和锡的性质是差不多的，氢和氧的性质却差得很多。当我们研究元素怎样才会化合成化合物的时候，我们发觉最不类似的元素，才能化合。锡和铅是没有化合物的，因为它们重要的性质是很相似的。氢和氧的性质是完全不一样的，因此可以化合而成一种性质完全和氢、氧不同的水。所以我们说，几种元素化合，一定是这一种元素和那一种不相像的。

Chapter 6
非金属元素

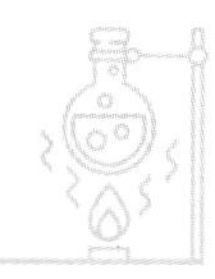

50.氮

氧和氢，已在地球和水这两章中说过了，现从氮说起。氮是一种无色、无味、看不见的气体，在空气中是自由存在着的，我们可以燃烧一小块磷，把空气中的氧除去了（实验6），剩在瓶中的便是氮，许多化合物如硝酸、硝石、硇精（阿摩尼亚）等都含有氮。在动物的皮肉里也有许多氮和旁的元素的化合物存在着。氮是不容易和旁的东西化合的，它是一种很安定的气体，它不能自燃，也不能助燃，也不能帮助动物的生长。氮虽然没有毒，但是把动物放在氮里面也要死的，因为动物得不到它们所需要的氧。

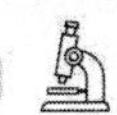

51.氮和氢、氧化合成硝酸

实验37. 硝酸是可以用硝酸钾加硫酸制得的。把硝酸钾和硫酸都放在一只曲颈瓶里，用酒精灯在瓶下面燃烧，再用一只烧瓶，放在一盆冷水里，收集从曲颈瓶里发出来的气体。几分钟之后，瓶子里收集起来一种黄色的液体。这便是硝酸，这种酸的酸性很强，有腐蚀作用，当你的手遇到它的时候，会使你的皮肤有一个黄色的斑点。它可以使蓝色石蕊试液变红。我们知道苛性钾是碱类，可以使红色石蕊试液变蓝。如果加一些石蕊试液到苛性钾的溶液里，再一点一点地把硝酸倒下去，这蓝色的石蕊试液就变色了，因为这酸已被这碱类的苛性钾中和了，把这液体放在小瓷盆里烧，一直到水烧去为止，便有一种白色的固体剩留在瓷盆里，还是硝酸和苛性钠反应生成的硝石。这酸和碱中和而成的硝石，不能使蓝色石蕊溶液变红，又不能使红色石蕊试液变蓝，所以我们说它呈中性的。

图三十四 用硝石和硫酸制硝酸

这种由酸和碱中和而成的中性物质，我们称它为盐类。总括起来说，酸类、碱类、盐类的区别如下：

(1) 酸类物质，它的味是酸的，它有腐蚀性，它可以使蓝色的石蕊试液变红。

(2) 碱类物质，它可以使红色石蕊试液变蓝，它有中和酸的能力。

(3) 盐类物质，是酸和碱化合而成的中性物质。

由此我们又知道两种性质不同的东西会互相结合的。像硝酸和苛性钾，它们可结合而变成一种性质完全不相同的中性物——硝酸钾。

硝酸的用途非常大，在工业上，可以制造人造丝，照片的软片和许多小孩子的玩具。在军事上可做炸药，现在大规模地制造硝酸，是用电把空气中的氮和氧化合变成氧化氮，再把这氧化氮溶解到水里制成。你想用这个法子制造硝酸，所需的原料只是空气和水，这多么便宜啊！

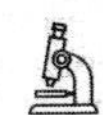

52.硇精

还有一种重要的氮的化合物，那便是硇精，硇精又叫作阿摩尼亚，是一种很臭的气体。硇精是怎样制出来的呢？这很容易的，只要拿一种白色的叫作“氯化铵”的粉，和生石灰混合放在一个瓶里烧，一烧之后，就有一种很臭的气体出来，那便是硇精。把硇精从一个弯的玻璃管里通出来，通到一个倒挂着的空瓶里，这比空气轻的硇精，便把瓶里原有的空气赶走，自己占据这瓶里了。

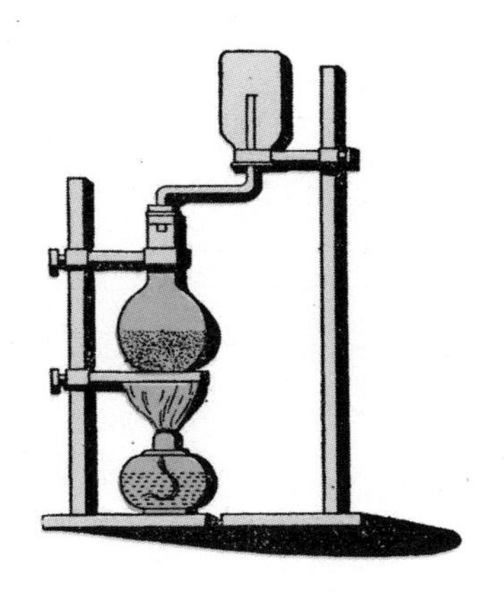

图三十五 制硇精

硇精是能够溶解于水的，有硇精溶解着的水，我们叫它硇精水。硇精水是一种碱性的物质，倒一些红色的石蕊试液下去，马上会变成蓝色，如果我们被蜜蜂刺了一下，可以拿些硇精水擦那刺过的地方。蜜蜂螫了我们，之所以会使我们痛，因为它有一种酸，刺过之后，留在我们的皮肤里，这留在我们的皮肤里的酸继续不断地腐蚀着，于是我们就痛了，这碱性的硇精把这蜜蜂所给我们的酸中和了，因此可以不再痛。

硇精又名氨，用途也是很大的。硇精和硫酸化合，变成硫酸铵，那即是肥田粉。硇精也可以加大压力，变成硇精的液体，夏天你吃冰的时候，你奇怪这冰的来历吗？夏天的冰，大都是用硇精制造的，把水装在洋铁制的水箱里，在这水箱外面，围住许多铁管，这许多铁管子中是有硇精液体的，这硇精液体吸收水里的热量，自己再变成气体，而使水的温度低下来，变成了冰。当然，制造冰的时候，并没有那么简单，但是讲到原理，实在是非常简单的。

工业上的硇精，大多是从煤气中制造的，我们不是知道把煤蒸馏所得到的煤气里，也有硇精吗？近来又有人把空气中的氮和水中的氢拿来，用种种方法，将它们化合成硇精。

53.碳、金刚石和石墨也是由碳构成的

我们知道碳存在于煤炭和焦炭里。还有一种是无色坚硬的宝石，我们叫它金刚石，还有一种软的物质做铅笔用的，叫作石墨，这两种不同的物质也是碳。我们怎样能够知道这种外表完全不同的固体，在成分上说起来是属于同一种元素呢？我们知道拿一块炭放在氧里燃烧，可以得到一种二氧化碳，假使我们拿石墨和金刚石分别放到氧里燃烧，那也都可以得到二氧化碳。因此我们可以断定这三种物质：炭、石墨和金刚石都是含有碳的，但是除了碳之外，还含些什么东西呢？没有了，因为我们拿12公分的炭，12公分的石墨，12公分的金刚石分别燃烧，每种所产生出来的二氧化碳的重量都是一样的，都是44公分。所以珍贵的金刚石和普通的炭，虽然看起来每种很不相同，可是它们的成分恰都是同一种碳。

一切动物和植物的主要部分都是碳所组成的，把一块肉烧焦，就变成了黑色的碳，如果把这黑色碳再燃烧，碳也会慢慢地消失，变成二氧化碳。

实验38. 要证明植物里含有碳，可以拿一些白糖放在一只玻璃杯里，拿一些温水使糖变成一种浓厚的糖浆。倒一些浓硫酸下去，这种糖浆就立刻变成黑色，糖里是含有碳的，你现在是看到了。

你想，如果在这地球上面没有这碳元素，结果怎样呢？那必定一切动物和植物都没有了，那是多么大的一个变化呀！

碳不仅在植物中存在着，空气里所有的二氧化碳，也是碳的化合物。在岩石里也有碳，像大理石、石灰石、白垩等，都是碳的化合物。

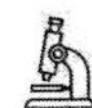

54.氯是可怕的毒气

氯是和上面已经讲过的许多元素是大不相同的。它是黄绿色的气体，有很强烈的臭气，动物吸了进去，要中毒的。我们不能在自然界中找到单独状态的氯，但是可从从一种很有用的氯化合物中提取出来氯。那种化合物，就是食盐，食盐是钠和氯的化合物，我们又称它氯化钠。

实验39. 把一种黑色叫二氧化锰的粉末和食盐混合起来，放在一只烧瓶里，倒一些稀硫酸到这混合物上，在这瓶口的木塞上，插一个弯的玻璃管像图三十六一样。把这烧瓶稍稍地加热，就有一种比空气重，带黄绿色有刺激性的臭气出来，收集在那只干燥的玻璃筒里了。留心不要把氯吸进鼻子里去，吸了进去你就要咳嗽，并且肺要发炎的。氯很容易和金属化合，变成一种氯化物，我们将一些金属的锑放入装有氯的瓶里，锑就发出很亮的火花和氯化合变成一种氯化锑的白烟。由此我们可知道，物质并不是一定要在氧中才能燃烧，在氯中也能燃烧。

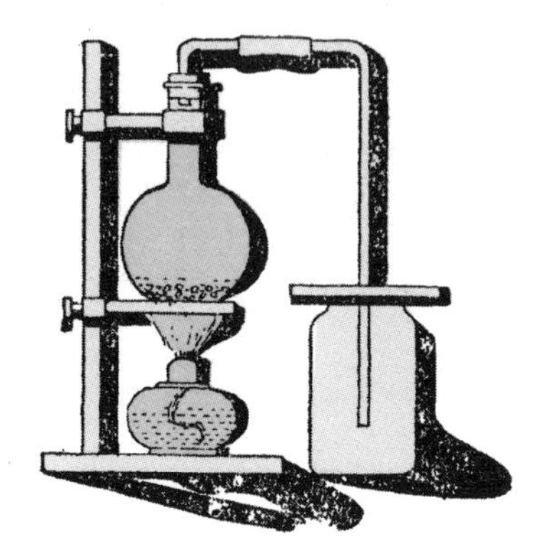

图三十六 制氯

图三十七 毒气战争面罩及急救

拿一支燃烧的蜡烛放进盛氯的瓶里，会有很浓的黑烟出来。这蜡烛在空气里燃烧本来是没有黑烟的，为什么放到盛氯的瓶里会有很浓的黑烟呢？这是因为蜡烛里的一部分氢和氯结合而生成氯化氢，还有一部分的碳，现在分离开来，于是单独地产生黑烟了，氯是一种很活泼的元素，它是很欢喜和旁的东西化合的。

1915年欧洲大战的时候，德国在伊泊尔（Ypres）地方，第一次把氯压在钢筒里，趁着优势的地位和方向，将这有毒的气体送到法国的阵线中去，当时有一个亲眼看见这次战争的人这样说：

“当我们从密闭的隐蔽房中，走向空旷的地方的时候，我们的视线，忽然被北面浓密的火光吸引了，那边的阵线是法国人所把守的。这显然是一场剧烈的攻战——我们便急切地戴上望远镜来观察这一方面的详情，可是我们不望犹可，一望真令人心胆俱裂。——只见兵士们狂乱地奔逃窜逐，整个战区在纷乱杂沓之中。

“法军的前锋败退了——这话突然传遍了军中，正是谁也不相信的。但见绿灰色的烟雾，笼罩着他们的军队，掠过这一片田野，慢慢地转为黄色，随便什么东西，凡触接到的，都被毁坏，草木也都枯萎起来。无论怎样勇武的兵士，也不能挣扎过这一种危险。

“接着中翼的法军，也大大地动摇了。目盲的目盲，咳嗽的咳嗽，呕吐的呕吐，作噎的作噎，大家的面部都显露出可怕的紫色，嘴唇因受剧烈的苦痛而不能说话了。他们的后方呢？在渍满毒气的战壕里，只望见纵横枕藉的千百勇士的尸骸。”（来自《化学战争概论》）

毒气在战争上的效力是多么威猛呀！从此之后，各国对于都毒气非常注意了。各国的化学家终日在实验室中研究创造新奇的毒气，或是设计防御各种毒气。到欧战将终的时候，毒气的种类非常多了。战争所用的毒气弹，已胜过强烈的炸弹的3/2倍了。那时的战争，真可以说是化学的战争。

战争用的毒气，种类虽然很多，可大都是用氯做成的。所以欧战的时候，氯的消耗非常大。在1918年秋季，美国全国每月制氯约19，000吨；法国全国每月制氯约1，500吨；德国全国每月制氯约5，800吨。

每月制造这么多的氯真是惊人！战争时制造毒气的工厂，大都是平时的化学工厂改造的。毒气在战争上的效力既然这样大，将来的战争，一定也是化学的战争。我们希望中国更加强盛，非得多多研究化学不可。

氯还有很大的漂白和杀菌的能力，大部分的氯是用在布和麻的漂白上，如果你把一块湿的有颜色的布放进氯里，几分钟之后它的颜色便失去了。

把生石灰加些水，使它变成消石灰，再把氯通过消石灰。于是，氯便被消石灰吸收而变成漂白粉了，所以漂白粉里含有氯。假使加一些硫酸到漂白粉上去，就发出一种黄绿色的气体来，这样产生出来的氯，就可把我们的衣服颜色漂白了。

实验40. 如果我们拿一些漂白粉混一些水，把一块有颜色的布放下去，这布的颜色是很难消失的。但我们把这布放在有硫酸的水里，这颜色便渐渐地消失，再浸一两次，就完全变成白色了。这漂白的方法是由这硫酸使漂白粉当中的氯脱离出来，把颜色破坏了。

我们可拿一些漂白粉先和少部分水调和，使之变得像泥浆一样，再多加一些水，搅拌一小时再过滤，现在漂白粉是溶解在水里了，滤下来的不过是一些无用的杂质。把滤下来的漂白粉溶液冲淡，再拿所要漂白的布（先用肥皂洗一下）浸在这水里，两三个小时之后把它拿出来，在很稀的硫酸或盐酸里（一大盆的水，稍加一些硫酸或盐酸，便可得），浸二十分钟拿出来，用肥皂仔细地洗，除去存留在布上的氯，布就漂白了。

55.硫

硫是一种黄色固体，粉末状的我们叫它硫华，棒状的我们叫它硫黄棒。如果把一块小的硫黄放在一只燃烧匙里烧，这硫黄起先是熔化，再次是沸腾，最后发出一种蓝的光焰而燃烧，燃烧成的硫黄臭气充满了整个房间。

当硫黄燃烧的时候，和空气中的氧化合，便化合成一种没有颜色的二氧化硫气体，这二氧化硫也有漂白作用。一顶黄黑的草帽，可把它放在二氧化硫的气体中一两小时，这黄黑的草帽又会变成新的一样了。这二氧化硫还可和氧化合，变成三氧化硫，把这种三氧化硫溶解于水，便成了用途非常大的硫酸。硫酸是油状的液体，是化学品之王呢！有许多大的工厂，一天到晚地制造出大批的硫酸，供给许多染色、印花、制纸、肥料、硝酸、炸药、染料等工厂的需要。许多别的酸都可以用硫酸制造出来，又可以和许多金属化合，做成硫酸钠、硫酸铁等。一个国家工业发展的程度，可以依照硫酸消费量的多少而定。

在火山的附近，可以找到单独的硫，许多金属的矿物大都是硫化物。把这种金属的硫化物加热，硫就变成气体跑了出来，普通用硫化铁（黄铁矿）放在硫窑里（如下图）加热，硫的蒸气便从那个弯的管子里出来，后因遇到冷空气，又变成固体的硫黄。

硫黄除了做硫酸外，还可以做火柴头。因为它很容易燃烧，又可以和木炭、硝石等合起做炸药。橡皮工业。制纸工业中，也是要用到硫黄的，并且又可以杀虫，我国的爆竹也是用硫黄做的。

图三十八 硫窑

56.制造火柴的磷

磷是一种在自然界中没有单独存在的元素。通常它在动物的骨头里，和氧、钙化合成一种磷酸钙存在着，当骨燃烧的时候，有一种白色固体叫作骨灰会剩下来，从这剩下来的骨灰里，我们可以制造磷。

磷像碳一样有两种：一种是黄磷，另一种是红磷，这两种磷的性质是很不同的。

实验41. 拿一个小的铁盆，放在一个三脚铁架上面，仔细地切两块磷，一块红磷，一块黄磷（一定要在水里切的，在空气里它便要和氧化合而燃烧起来，要烧痛你的手指的），把这两块磷放在那个铁盆里，拿一只酒精灯放在下面燃烧，你看黄磷立刻发出一种浓厚的白烟燃烧了，而这红磷呢？要几分钟后才会燃烧。黄磷是比红磷容易燃烧的，因此黄磷平常一定要放在水里，而红磷不放在水里也可以。

当磷和空气中的氧化合时，所变成的那种白烟叫五氧化二磷，是可以溶解在水里的，在实验6里我们已看到了。磷是可以制造火柴的，把黄磷混合胶水及氯酸钾或二氧化锰，黏附在浸过油的细木条的一端，便成了一种在砂纸上或其他粗糙东西上摩擦便发火的红头火柴。这种火柴因为太容易发火，并且制造的时候很不卫生，所以市上已经少见了。现在我们常用的火柴叫安全火柴，安全火柴上是黑色的头，是氯酸钾和硫黄的混合物，盒边上那块黑的纸附有红磷，三硫化锑和玻璃粉等的混合物，把火柴的头在盒的边上一擦，盒边上附着的一部分红磷，就把火柴头上的硫黄燃烧起来了

57.硅

硅是一种和磷差不多的元素，在自然界中很少单独存在，它和氧化合成一种二氧化硅，这种二氧化硅便是我们日常所见的硅、水晶、石英等。硅也可以和氧与氢化合而变成一种硅酸，硅酸又可以和金属化合变成一种硅酸盐。陶器是一种硅酸盐，玻璃也是一种硅酸盐，是玻璃砂（氧化硅）、石灰、苏打等，这许多合起来做成的。

硅自己是一种黑色的结晶，地球除了一部分金属外，大部分都是硅做成的。

Chapter 7

金属元素

58.铁是最有用的金属

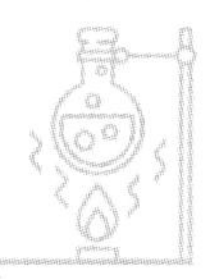

我们先来讲铁，因为铁是顶重要的一种金属。如果世界上没有铁，那么火车和机器也没有了，水管和铁塔也没有了，连小刀和针都没有了。古时候的人，不知道把铁拿来用，他们只能拿石块来当作刀。火车、机器那更不要说了，你想是多么不便呀！

铁是从矿里来的，主要的铁矿，有赤铁矿、磁铁矿、褐铁矿等，大都是铁和氧的化合物。把铁矿和炭一起加热，铁矿里的氧就和碳化合而成二氧化碳，金属中的铁便留下来了。这留下来的铁是不纯粹的，里面含有2.1%~4.3%的碳，我们叫它生铁（即铸铁）。生铁可以熔化，倒到模型里做成各种的器具，自来水的管子和机器的轮子等。生铁的性质是硬而脆的，我们假使把生铁里的碳，再设法烧去，就变成熟铁了。熟铁的性质和生铁大不相同，它很柔软。因此也叫它软铁。这种铁虽然不能铸造，但是可以锻炼，因此又叫作锻铁。常见的铁皮、铁丝便是锻铁做成的。

还有一种铁叫钢铁，钢铁不像生铁那样容易折断，又不像熟铁那样柔软，它可以铸造也可以锻炼，它是具有生铁和熟铁的优点的。它的用途非常大，几乎一切的机器都是钢做成的，枪炮也是钢做成的。现在文化和工业这样发达，可以说完全是钢的功绩。

钢并不是纯粹的铁，生铁、熟铁和钢铁三种铁中，生铁中所含的碳最多（2%~4.3%），熟铁中含的碳最少（0.02%以下），钢铁中的碳比生铁少一些，比熟铁多一些，介乎生铁与熟铁之间（0.02%~2.1%）。我们可以把生铁放在一个耐火砖做成的炉里，由炉子的下部，把很热的空气压进去，这热的空气便和生铁中的碳化合而燃烧起来。这样，生铁中的碳和其他的杂质都除去了，再把一定量的纯粹生铁加进去，使这一炉铁中含有的碳恰好在0.8%~16%之间，便是钢了。把熟铁加热，再加碳下去，使熟铁中的碳增加一些，也可以变成钢。

如果我们把铁放在空气或氧中燃烧，我们就得到一种铁的氧化物，那便是铁放在湿的空气中所生的铁锈。

实验42. 如果倒一些稀硫酸到试管里的铁屑上去，就有一种气体慢慢地散发出来，把这试管一加热，气体便会很快地散发出来，这种气体会在管口燃烧起来，那就是氢。铁溶解在硫酸中，变成了一种硫酸亚铁（俗称绿矾），同时把硫酸里的氢赶了出来。如果你现在这玻璃管再倒一些清水，并且用一张滤纸把那液体滤一滤，你可以得到一种几乎无色的溶液，把这溶液蒸发，当冷却下来的时候，硫酸亚铁就析出结晶了。

图三十九 铁加硫酸制氢

59.陶土中含有的金属

现在我们要讲这一种从陶土里拿出来的金属了，没有一个会相信这很光亮，银白色的金属，是从普通的陶土里拿出来的，但是化学家能够那样做。

把铝在空气中加以强热，就变成一种白色的氧化物，这种铝的氧化物，便是陶土。把陶土里的氧除去很不容易，现在的铝是用电解的方法制出来的，因此价钱很贵。铝的用途非常广，可做一切携带用具、飞机和其他的机器，它是一种很轻的金属。

那种白色的明矾，也含有铝。

60.石灰中含有的金属

钙也是一种很不容易找到金属元素，可是它的化合物却非常普通。例如，生石灰是氧化钙，大理石、石灰石、白垩都是碳酸钙，石膏是硫酸钙，骨头是磷酸钙，地球上随便哪里都是有钙的。

实验43. 用大理石和稀盐酸制二氧化碳的时候，（实验29）在瓶里剩下来的液体是有氯化钙的。把那液体滤过烧干，一层白粉便留下了，这一种白色的粉叫氯化钙。你还记得吗？在实验20的时候，我们拿它来吸收水使氢干燥，如果把那干燥的氯化钙固体在空气里放几小时，它会变成液体，因为它把常在空气中的水蒸气吸收了。

把一块小氯化钙溶解在一个试管的水里，倒一些澄清的碳酸钠溶液下去，两种澄清的液体一混合，便立刻变得像牛奶一样浑浊。为什么呢？因为有碳酸钙生成了。碳酸钙是不像氯化钙那样会溶解于水的，所以会沉淀下来了。我们又可以用公式表示如下：

氯化钙+碳酸钠→氯化钠+碳酸钙（沉淀）

$$CaCl_2+Na_2CO_3=2NaCl+CaCO_3\downarrow$$

61.镁条

在晚上或是黑暗的岩洞中拍照，他们常把一种灰白色的金属条燃烧起来，这种金属就是镁，镁燃烧的时候会产生很光亮的光辉，于是便可以像白天一样拍照了。

实验44. 拿一根6寸或8寸长的镁条，将其放到火上，这金属就立刻着火，非常耀眼地燃烧起来，最后变成白粉落下来。这白粉大部分是镁和氧的化合物，叫氧化镁。

实验45. 如果把这白粉收集起来，放在一个试管里，加几点硫酸，热一热，这白粉就熔解了，把这清洁的溶液放在一只瓷盆里，用火烧，把大部分的水蒸发掉，当它冷却下来的时候，一种长针状的结晶就在盆子里析出来了。这结晶叫作硫酸镁，是硫酸和镁的化合物，可以做泻药用。

在自然界中，有许多镁的化合物，纯粹的镁是很少的。那种镁条、镁粉是从这镁的化合物中制出来的。

62.食盐中含有的金属

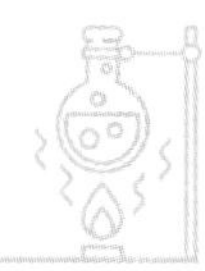

钠也是一种金属元素，我们在实验13中把它放在水中取氢，钠和我们普通看到的许多金属不同，它是不能放在空气里的。如果放在空气里，它会立刻和空气中的氧结合变成白色的氧化钠。钠又绝对不能和水放在一起的，钠若遇到水，便把水里的氧和一部分的氢拿来和自己化合了，同时把其余的氢放出。所以平常我们须把钠浸在火油里，我们已经在实验13里知道要是把一块钠放在水里，钠便在水面上游泳着，氢就出来，在这钠完全看不见之后，就变成苛性钠，水会把红色的石蕊试液变蓝。

实验46. 钠是一种很有用的金属，自然界里没有单质形式的钠。实验用的钠，是把苏打通电制出来的。如果把一块钠放在火上燃烧，那它起先是熔化，后来才发出很光亮的黄色火焰，并且还产生黄色的烟(过氧化钠)。

钠的化合物，大部分都是很普通，但却很有用的东西。下面是几种重要的：

普通名称	化学名称	化学成分
海盐、岩盐	氯化钠	钠和氯
芒硝	硫酸钠	钠、硫和氧
洗濯苏打	碳酸钠	钠、碳和氧
智利硝石	硝酸钠	钠、氮和氧
苛性钠（烧碱）	氢氧化钠	钠、氢和氧

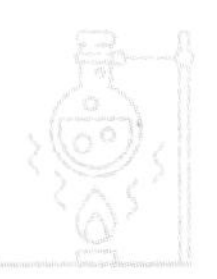

63.神奇的食盐

食盐在地球上是很多的，从海水煮晒出来的盐叫海盐，四川、云南的盐是从盐井里取出来的，叫作井盐，山西、新疆的盐是从矿里采取出来的，叫作岩盐，陕西、甘肃还有许多池盐。盐是生活日常必需的调味品，每人每年平均约吃盐十六市斤[1]。

普通的盐是带灰黄色的，把这种食盐放在竹篓中，几天之后，常有一种苦味的卤汁流出来。这种卤汁，是混在食盐中的杂质，大部分是氯化镁。氯化镁是能够使豆浆变成固体的豆腐的，所以豆腐店常要收买这种卤汁。市上卖的精盐，是把普通的粗盐精制而成的。那是纯粹的盐，颜色是洁白的，如果细细观察每一粒精盐，可以发现它们都是小小的立方体。

食盐除了调味之外，在工业上的用途也是很大，许多钠的化合物都是从食盐中取的。譬如，我们要硫酸钠，我们只要拿一些食盐放在一个瓶里，再加一些硫酸下去，立刻会有一种叫氯化氢的白烟跑出来，而硫酸钠在瓶中剩下了。我们遇到的是：

1.市斤：我国古代重量度，简称“斤”。现在还是我国一般市场上通用的重量单位。（编者注）

我们用：氯化钠（食盐）和硫酸

我们得到：硫酸钠和氯化氢气体

这种白烟是能够溶解在水里的，氯化氢溶解于水，那就是我们实验常用的盐酸，但盐酸可不是化合物，它是一种混合物。

盐酸可以制造染料、药品及味精等。工业上制造盐酸，是先把食盐溶解在水里，再把这食盐溶液通电，电通到食盐的溶液中就把食盐分解成钠和氯，分解出来的钠和水中的氧及一部分的氢化合成氢氧化钠，那即是制造肥皂、玻璃、纸等，所必需的苛性钠。分解出来的氯，又和水中一部分氢化合，而成盐酸，上海的天源电化厂，就是用这个方法制造盐酸、氢氧化钠和漂白粉的。

还有那种白的碳酸钠（俗称纯碱，又称苏打，可以洗衣服，使永久硬水变为软水，及制玻璃、肥皂、制纸、染色、炼油等），也是从食盐制造出来的，天津的永利碱厂，就是用食盐制造碳酸钠的工厂。

64.钾

钾是一种和钠性质差不多的金属，放一块钾在水里，它和水的化合比钠还要快，因为化合得很快，因此制造出来的氢，自己就在水面上燃烧了。

钾的盐类在地球上也很多的，有许多树木的灰，含有钾的盐类的。下面是几种有用的钾盐（钾的盐类）：

普通名称	化学名称	化学成分
碳酸钾	碳酸钾	钾、碳和氧
硝石	硝酸钾	钾、氮和氧
氯酸钾（白药粉）	氯酸钾	钾、氯和氧

实验47. 肥皂是用油和碱做的，用苛性钠做的肥皂叫硬肥皂，用苛性钾做的肥皂叫软肥皂，普通的油和碱一起煮，于是便做成了肥皂。你可以把20g的贝麻油放在一只深的瓷器皿里，加些热水，拿3g的苛性钠溶解在水里，慢慢地倒入再把它烧热，当这混合物烧沸的时候，肥皂便做成功了。现在做成的肥皂是溶解在水里的，再等一两刻以后，拿一些食盐放入使其溶解，这样肥皂就被赶

出来，浮在水面。冷下来的时候，便变了白色的固体，拿出来就可以洗东西了。随便什么油都可以做肥皂，我们现在用贝麻油，因为贝麻油比旁的东西要容易做些。

65.铜

现在我们要再讲几种有用的金属，其中有些是比较贵一些。铜是紫红色的金属，可以做锅、铜元、铜丝的。铜在矿物中也有，那就是自然铜。还有一种顶重要的铜矿，是铜和硫的化合物，叫黄铜矿，把黄铜矿中的硫除去，便可得到纯粹的铜。

铜可以和别的金属合起来做成一种合金，像白铜假金等。把铜放在空气中燃烧，它的颜色就变了，在铜的面上，罩着一层黑色的氧化铜，这黑色的氧化铜我们在实验20中用到过。

实验48. 如果你拿一些铜片放在试管里，再倒几点硝酸下去，就会有一种褐色的气体从硝酸里出来，铜便溶解了，变成一种蓝色的硝酸铜溶液。铜的化合物常常是蓝色的，在实验32用的硫酸铜，颜色不也是蓝色的吗？

66.锌

锌是一种有用的白色金属，若在铁皮上镀一层锌，铁便变了一种不容易在空气中氧化的白铁。锌的主要矿物叫作闪锌矿，是一种锌和硫的化合物。锌也可以和别的金属混合变成合金的。白铜便是锌和铜的合金。

实验49. 把一些锌溶解在硫酸里（实验15），可以产生氢。把制造氢时所得的液体滤过再蒸发，等到冷却下来的时候，就析出白色的结晶——硫酸锌。如果把锌在空气中加热，就会变成氧化锌。

67.锡

锡是一种亮白的金属，和锌一样可以镀在铁板上防止铁板的生锈，这镀锡的铁片叫马口铁。锡的主要矿物叫锡石，那是锡和氧的化合物，把锡石和炭一起加热，炭可以把锡石里的氧分离出来，便可得纯粹的锡了。

实验50. 拿一些锡石粉和一些碳酸钠（粉末）混合起来，放在那块炭的小孔里，用一个吸管，像图上一样把火焰吹到炭上去，这混合物便立刻熔化了。这样吹了几分钟后，把小孔附近那部分的炭用小刀割下来，放在一只研杯里研成粉，把这粉末（有炭又有锡）放到水里去，那轻的炭粉就浮在水上，重的锡就沉在水底里。在这个实验中，氧化锡中的氧是和碳化合成二氧化碳了，而金属锡却留下了。

图四十 用吹管把火吹到锡石上去

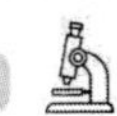

68.铅

铅是一种青白色的重金属。很容易熔化，又很容易切断，并且在空气中又不容易氧化，所以是一种很有用的金属。可以做自来水的管子和别的许多东西。铅的主要矿物叫方铅矿，是硫和铅的化合物。

下面是几种铅的有用化合物：

普通名称	化学名称	化学成分
碳酸铅	碳酸铅	铅、碳和氧
密陀僧	一氧化铅（黄色）	铅和氧
铅丹	四氧化三铅（红色）	铅和氧
醋酸铅（铅糖）	醋酸铅	铅、碳氢和氧
铬酸铅	铬酸铅（黄色）	铅、铬和氧

铅丹、铬酸铅、铅白都是做颜料用的。至于通常所称铅笔的黑铅，却并不是铅，那是石墨，是纯粹的碳。

实验51. 拿一些铬酸钾溶液，加到有醋酸铅溶解着的试管中，就会有一种黄色的铬酸铅沉淀在瓶子里。

在混合之前：铬酸钾和醋酸铅（两种都是溶解的）。

在混合之后：铬酸铅（不溶解的黄色粉）和醋酸钾（溶解的）。

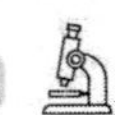

69.汞

汞也叫作水银，在平常的时候是一种液体的金属，它的价格很高。除了做温度计（量热度的表），气压计（量空气压力的表）外，还可以做镜子。汞在平时不会和空气中的氧化合，只有在加热的时候，和氧化合成氧化汞，那便是可以制氧的三仙丹（实验30），汞也像水那样的可以沸腾。它的氧化物是很毒的，但有时少量汞的化合物，可以做药。

在矿物中，汞常和硫化合成一种硫化汞存在着。这种硫化汞叫作辰砂。它的颜色是红色的，这辰砂放在玻璃管中加热，就会分解而成汞和硫黄。市上卖的水银，大都是把辰砂加热制出来的。特别红的辰砂又叫朱砂，书塾的先生改卷所用的银朱，也是硫化汞，不过是人工使汞和硫化合制造出来的。

70.银

银是一种很贵的金属，墨西哥因产银出名。银为什么值钱呢？是因为它不容易氧化。可是银和硫放在一起，也能和硫化合成一种黑色的硫化银。银是做装饰品及银币用的，中国的银元约含有银90%，普通的角子（毫子）[1]约含有银80%。

实验52. 银元里除百分之九十是银外，其他的部分便是铜和别的金属。银元里有银和铜我们怎样证明呢？拿一块银元或是角子，放在一个试管里，倒入一些硝酸，立刻从硝酸中产生一种褐色的烟，如果加热所有的银便溶解在硝酸里了，这样得来的化合物叫作硝酸银，是可以检验食盐的（实验22），假使拿一些食盐的溶液，倒到这有银溶解的硝酸里，便有一层白色不溶解的氯化银沉淀下来。

我们用：

硝酸银（溶于水）和氯化钠（溶于水）

1.角子：旧时通用的币值一角、两角的小银币。（编者注）

我们得到：

氯化银 （不溶于水的白色沉淀）	和	硝酸钠 （溶于水）

现在用一张滤纸滤一下，这澄清的溶液变成蓝色，因为所有银的化合物已滤去，剩下来的都是铜的化合物，铜的化合物溶液常是蓝色的。拿一把擦亮的小刀放下去，立刻有红色的金属铜结在刀上。

71.金

金是比银还要贵的金属，它有美丽的黄色，在自然界中常以单质的形式存在。金可以拉成细的金丝，打成薄的金叶。纯粹的金是很软的，可以做金币与装饰品。

实验53. 金是不能溶解在随便哪一种酸里的，拿一小片金叶分成两块，放在两个试管里，向一个试管里倒一些硝酸，其他一个倒入一些盐酸，两个管里的金，没有一个溶解的。现在把两种液体混合起来，金便很快地不见了。虽然单独的一种酸是不能把金溶解的，可是盐酸、硝酸的混合物（王水）却可以把它溶解。金是不会和氧化合的，也不会像银一样会和硫化合变成硫化物，因此它的价值更高。

Chapter 8

72.化合是有一定比例的

把我们学习火、空气、水及地球的结果仔细地想一想，当然是很好的一件事。现在，我们已经有了一个深刻的印象，知道地球上各种不同的物质，无论是固体、液体或是气体、动物、植物或是矿物，都是一种或一种以上的元素化合而成的。元素通常是不能从这种变到那一种的，也不能把它分成两种新的元素的。

我们知道元素和元素互相地结合起来，就成了一种和原来性质完全不同的化合物。从这化合物中，又可以用种种方法，把那原来的元素分离出来。我们又知道化合物的重量，正正确确的是这化合物中每种元素重量的总和。一切的化学变化是不会使重量消失的，我们不能创造物质，也不能消灭物质。

可以称一切物质重量和化合物成分的天平更可明白地告诉我们。化学家把他们要实验的一切放在天平上称，于是知道水（实验20）常常是：

16份重量的氧……………16

2份重量的氢……………12

做成18份重量的水……… 118

于是告诉我们水所含的两种元素比例是一定的，别的化合物也是这样。它们所含有的元素重量之比，总是一定不变的。譬如说，化学家仔细地称，知道氧化汞（实验35）常含有：

6份重量的氧……………… 16

和200份重量汞…………… 200.6

做成重量216份氧化汞…… 216.6

所以假如我们要得到16g的氧，我们一定要预备216.6g的氧化汞。从这简单的比例，你可以计算出要多少的氧化汞，才可以制出你要另一个重量的氧。

这依一定比例化合的定律在我们学过的一切化学变化都适用[1]，我拿98份重量的硫酸和101份重量的硝石（实验37），常常可以得到63份重量的硝酸。燃烧24份重量的镁条（实验44），如果一点没有失去[2]，我们可以得到40份重量的氧化镁。

各种元素都依一定重量的比例和别的元素化合着，表示重量之比的数目叫化合量。

1.这里所讲到的就是我们现在化学中常说的——质量守恒定律，即在化学反应中，参加反应的各物质的总和等于反应后生成的各物质总和。（编者注）

2.这里所讲到的一点没有失去，是指在这过程中产生的气体和热量也要计算在内。（编者注）

73.元素的化合量

下面是一张重要元素的化合量表（这里的表不过一些近似的数值，至于正确的数目，请参考其他化学书）。

非金属元素			金属元素		
元素名称	元素符号	相对原子质量	元素名称	元素符号	相对原子质量
氧	O	16	铁	Fe	55.8
氢	H	1	铝	Al	27
氮	N	14	钙	Ca	40
碳	C	12	镁	Mg	24.3
氯	Cl	35.5	钠	Na	23
硫	S	32	钾	K	39
磷	P	31	铜	Cu	63.6
硅	Si	28	锌	Zn	65.4
			锡	Sn	118.7
			铅	Pb	207.2
			汞	Hg	200.6
			银	Ag	108.9
			金	Au	197

每个元素右边的字母，便是它简写的化学符号，我们写磷只要写一个P。化学符号右边的数字，表示它和别的元素化合时的一定的重量比例[1]，这种数字都是从实验中得出来的，那就是把某种元素和其化合的许多化合物放在一起分析的结果。譬如说，我们分析氧化汞，知道用16份重量的氧和200.6份重量的水银化合，可得到216.6份重量的氧化汞。又如，我们把硫黄和铜一起烧（实验5），等到完全化合之后，我们找到128份重量的铜和32份重量的硫结合成160份重量的硫化铜，如果某一种元素多了一些，便会剩下来了。

化学名字简写的用途，除上面讲述之外，如果我写符号O或Hg，还可以正确的表示它们的化合量。例如O的意义是16份重量的氧，Hg的意义是200.6份重量的水银。

现在我们可试写一种化合物的化学符号了。一种化合物的符号，只要把这种化合物所含有的元素的符号并起来就可以了。HgO是表示氧化汞，不只表示这种化合物含有氧和汞，并且还告诉你氧化汞里有多少重量的氧和多少重量的汞，因为我们知道O的意义是16份，Hg的意义是200.6份。所以这化学符号，或是叫分子式，是非常有用的。又如，CaO的意义便是氧化钙，或称生石灰，表示40份重量的钙与16份重量的氧，生成56份重量的生石灰。ZnO是氧化锌，就是由65.4份重量的锌与16份重量的氧化合成81.4份重量的氧化锌。H_2O是水，就是2份重量的氢和16份重量的氧结合而成18份重量的水。

1.此处所指的就是相对原子质量。相对原子质量，是指以一个碳-12原子质量的1/12作为标准，任何一个原子的真实质量跟一个碳-12原子质量的1/12的比值，称为该原子的相对原子质量。最初，是用氢的原子量为1作为相对原子量的基准。1961年，才正式通过以碳-12原子质量的1/12作为标准，并沿用至今。（编者注）

74.倍北定律

有几种化学元素，可在数种不同的化合量比例之下化合着，而生成数种不同的化合物。譬如说，氮和氧有五种不同的结合，如下：

第一种化合物叫一氧化二氮，是含有28份重量的氮和16份重量的氧。

第二种化合物叫二氧化二氮，是含有28份重量的氮和2倍的16即32份重量的氧。

第三种化合物叫三氧化二氮，是含有28份重量的氮和3倍的16即48份重量的氧。

第四种化合物叫四氧化二氮，是含有28份重量的氮和4倍的16即64份重量的氧。

第五种化合物叫五氧化二氮，是含有28份重量的氮和5倍的16即80份重量的氧。

现在我们记住N的意义是14，O的意义是16，我们可以很容易把上列许多化合物的化学符号写出来了。

第一种化合物是由含有28份重量即两个化合量的氮和16份即一个化合量的氧化合，因此我们可以写出它的符号，是N_2O。

同样的道理：

第二种化合物的符号是N_2O_2

第三种化合物的符号是N_2O_3

第四种化合物的符号是N_2O_4

第五种化合物的符号是N_2O_5

从这里我们看到，后面四种化合物中所含的氧，刚是第一种化合物中氧的2倍、3倍、4倍和5倍。我们不能随我们的心意，制出一种含有折中重量的氧的化合物来。譬如说，我们不能把28份重量的氮和20份重量的氧化合，28份重量的氮，只可和16份或是32份的氧化合。如果和20份的氧化合，那么还有4份没有化合着，所以是不可能的。我们现在可得两条大定律：

(1)各种化合物，其中各元素化合重量之比总是一定的——叫定比定律[1]。

(2)当甲、乙两种元素化合成多种不同的化合物时，则在这些化合物中，与一定量甲元素相化合的乙元素的质量，必互成简单的整数比。

1.不论是天然存在的化合物，还是人工合成的化合物，也不论它是用什么方法制备的，都遵循这一定律。(编者注)

75.化学方程式的意义

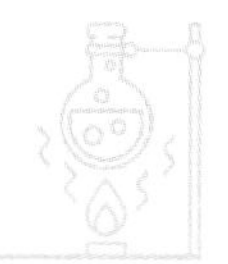

现在我们对于讲过的一切化学变化大概都已明了了。那些我们亲眼看到或将来可以看到的一切化学变化，也都可以用化学符号写出来。每一种化学变化都是一定的，每一种情形，我们不仅可以知道怎样发生着变化，而且也能够知道做出的什么东西有多少分量出来。让我来举一两个例吧，譬如，制硝酸（实验37）我们知道拿硝石（硝酸钾）和硫酸放在一只玻璃瓶里烧，硝酸就蒸馏出来，硫酸钾存在瓶里。在这种变化里，我们需要多少的硫酸，多少的硝酸钾，而一点浪费都没有呢？要找出这些来，我们先要写出硝酸钾和硫酸的分子式，硝酸钾的分子式是KNO_3，含有三种元素：钾K=39，氮N=14，氧$O_3=3\times16=48$。硫酸分子式是H_2SO_4，含有氢$H_2=2\times1=2$，硫S=32，氧$O_4=4\times16=64$。这两种化合物放在一起，硫酸里氢（H_2）的一半和硝石里所有的钾（K）就换了一个位置，变成两种新的化合物，那便是（硝酸）HNO_3（蒸馏出来的带黄色的液体）和硫酸氢钾$KHSO_4$（剩在瓶里的白色固体），这种化学变化，我们可以用下面这个方程式来表示。

变化之前　　变化之后

硝酸和硫酸　得　硝酸和硫酸钾

$$KNO_3+H_2SO_4 = HNO_3+KHSO_4$$

这告诉我们，在变化的时候，各物品的质量一点也没有消失，所以我们计算所用的硝酸钾和硫酸的重量的和，与我们所得到的硝酸与硫酸钾的重量的和也是完全相等的，我们可以用数目字来表明：

39+14+48和2+32+64=1+14+48和39+1+32+64

101　+　98 = 63　+　136

这化学方程式再告诉我们，如果拿101份重量的硝石和98份重量的硫酸化合，恰好能够得到63份重量的硝酸。所以这些数字，可以给我们计算需要多少原料，方能制出多少硝酸。譬如，我们要10g硝酸，那要多少的硫酸和多少的硝石呢？我们要63公分的硝酸，一定需要98公分的硫酸和101g的硝石。自然，要得到10g的硝酸，只要（10/63）×98g的硫酸和（10/63）×101g的硝石。这是一种很简单的比例，一切的化学变化都可照这样计算。

让我们再举一个例，我们拿硫酸和锌来制氢（实验15），这变化可以用下列的化学方程式来表示。

$$Zn+H_2SO_4 = H_2+ZnSO_4$$

或锌和硫酸　得　氢和硫酸锌

65　和　2+32+64　得　2 和　65+32+64

或　65.4份的锌　98份的硫酸　得　2份的氢　和　161.4份 的硫酸锌

那就是说，如果我们拿65g的锌和98g的硫酸，我们一定可以得到2g的氢和161.4g的硫酸锌。那么要多少的锌和硫酸，才可以得到40g的氢呢？还是我们很容易回答出来的。

一样的道理，每一种化学变化，当我们详细知道了的时候，立刻可以写出它的化学方程式，由这化学方程式表示变化的情形怎样，我们一定要预备多少的材料，才可获得多少的生成物。

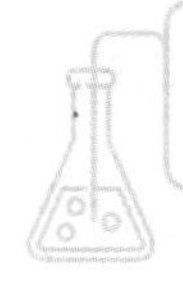

76.化学究竟研究些什么

现在我们已经把这一本小小的化学学完了。最后，让我们回想一下吧，我们究竟学到了一些什么呢?

我们把以前所学到的回想，会觉得我们只不过是学到许多的变化：

把石灰水倒入二氧化碳的瓶中，澄清的石灰水变得像牛奶一样浑浊了。

水通电，水变成两种不同的气体，即是氧和氢。

三仙丹加热，变成水银和氧。

大理石加稀盐酸，变成二氧化碳、水和氯化钙。

硝石和硫酸加热，变成硫酸钾和硝酸。

黑色的粉叫二氧化锰，和食盐混合起来，再把硫酸倒下去加热，会变出氯来。

氯化钙溶液和碳酸钠溶液混在一起，生成白色不溶解的碳酸钙和食盐。

硝酸银溶液和氯化钠溶液混合起来，变成氯化银和硝酸钠。

是的，我们只不过学到了许多物质的变化。宇宙间的一切，真是善变呢！伟大的、奇异的、不可思议的各种变化，整年整月在宇宙间进行着。化学，就是研究这种物质变化的一种学问。

77.化学的演进史

古时候的人，虽然思想和生活是那么的简单，但是他们也感到人生有两个最大的缺点。一个即是穷，另一个即是死。因为要富足，他们便想点物成金。因为要不死，他们便想找寻或是制造一种长生不老的药。因为要达到这两种目的，他们继续不断地研究。虽然原来的目的始终不会达到，可是无意中却发现了宇宙间许多物质变化的事实。从前的人为了满足好奇心，努力去研究这些物质变化的原因，于是便成了现在的化学。

所以化学是从“点物成金”和“长生不老”这两个可笑的动机出发的。点物成金究竟是一件不可能的事，可是他们对于富足的欲望并不因此灰心，他们再研究怎样把价廉的金属变成黄金，或是黄金相似的物质，这一种的研究便成了炼金术的学问。在几百年前的时候，炼金术非常盛行，有一个国家的国王，竟是痴心妄想到想应用这种法术，在国内使用伪币。直到1782年的时候，还有一位英国人叫蒲拉斯（Price）当众实验水银变成黄金不成而自杀。

这一种炼金术，实在和化学差不多的，好像是化学未成年以前的婴孩，我们现在化学实验用的硝酸、王水、明矾、硇砂、硝石等药品。蒸馏、升华、结晶、过滤、沉淀、煅烧等的方法。曲颈瓶、烧瓶、烧杯等的器具，都是研究炼金术的人所发明而遗留给我们的。不过，那时候的炼金术，总带着一些神秘、玄妙的意味，记载炼金术的都用一些莫名其妙的记号，并且还有许多流氓，常利用这种法术来欺骗人。因此一般人对于炼金术的印象都是很坏的。到十六世纪的时候，瑞士有一个叫巴拉赛尔苏斯（Paracelsus）的化学家，他说："炼金术真正的事业，并不是假造黄金，而是制造和医药。"从此之后，研究炼金术的人，都转变了方向，对着制造和医药努力。这一种神秘玄妙的炼金术，慢慢地变成一种有用的学问。于是炼金术这个名词一点一点地被人忘记，而一个新名词"化学"却从此产生了。

1627年1月25日英国爱尔兰一个伯爵的家里生了一小孩，他的名字叫罗伯特·波义耳（Robert Boyle），波义耳虽然生在非常富有的家里，可是他并不像一般少爷公子那样终日嬉戏、不务正业，他一生为了科学努力，在科学史中，占有很重要的地位。他说："化学是不应该只研究医药和工艺，化学并不是工艺冶金医药的奴仆，宇宙间不知还有多少的奇异的事还没有被人发现、了解，我们应该努力地探讨宇宙的玄妙才好。"于是一般学者，开始努力研究真理了。1766年英人亨利·卡文迪许（Henry Cavendish）发现二氧化碳。1772年丹尼尔·卢瑟福（Daniel Rutherford）发现氮[1]。1773年瑞典人卡尔·威尔海姆·舍勒（Carl Wilhelm Scheele）发现氯及许多常用的酸类。1774年约瑟夫·普里斯特利（Joseph Priestley）发现氧（卡尔·威尔海姆·舍勒也发现氧）。1781年亨利·卡文迪许又发现水和空气的成分，实验氢的性质。普里斯特利又把二氧化碳溶于水做成苏打水（即现在的汽水）。化学在那时候，可以说是一点一点地发育了。可是那时化学家的思想有些还是错误的，他们说燃烧，是因为物质含有火质的缘故。直到1783年拉瓦锡把这种错误的思想改正之后，化学才算长大成人了。

1.氮的发现并非一个人，1771~1772年间，瑞典化学家卡尔·威尔海姆·舍勒发现了氮气，1772年英国科学家卡文迪许也曾分离出氮气。同年，英国科学家普里斯特利也发现了氮气。但是，他们都没有及时公布发现氮的结论。因此，现在大都认为英国化学家丹尼尔·卢瑟福最先发现了氮。（编者注）

78.化学是我们最亲爱的依赖者

一年一年地过去,化学也一年一年地猛进着,从18世纪到20世纪,又有无数的化学家,终身地为了化学努力。在以前世界上一切的变化都以为是神的权力所造成的,到现在对于这些都有相当的解释,不再迷信神的威权了。并且他们继续不断地研究着化学的理论与应用。到现在我们没有一刻可以离开化学,没有一件事可以和化学无关,化学已是现在文明人的最亲爱的一个依赖者了。

79.衣和食离不开化学

我们穿的衣服，大都是麻、棉、丝、毛做的，这些麻棉丝毛，都是动物和植物所供给我们的，看起来化学对于衣服好像没有什么关系，但是人类总爱美的，所以衣服总要染色印花。在起先，所有的染料大都是矿物或植物中拿来的，自从潘经（Perkin）发明从煤膏中制造苯胺黑（Aniline black）之后，现在常用的数千种染料，都是由化学方法制出来了。这种由化学方法制出来的染料，又不褪色，又是经洗，颜色又是鲜明可爱，价格又是非常低廉，和那种天然染料，真是不可同日而语的。后来又有个人叫夏尔多内（Chardonnet）发明把木材用化学方法变为木浆，再和苛性钠和二硫化碳化合变成人造丝，现在很多的丝织品都是人造丝所做成的。没有化学便没有那种鲜明可爱的染料，没有化学便没有物美价廉的人造丝。谁说化学对于衣没有多大的关系呢？

至于食，好像和化学也没有什么关系的，但是我们知道植物生长给我们当食料，必须有相当的肥料。这种肥料，在以前都是利用动物的粪及他种废物。但是那种动物的粪及他种废物的成分又不确定，并且各种植物的需要又不同，因此这种肥料总不能得到最好的效果。现在的化学家，把植物所需要的各种成分，配合做成种种的人造肥料。有一种现在大家常用的肥田粉叫硫酸铵，是硇精和硫酸化合而成的，从煤蒸馏出来的煤气中，先把硇精提出来，再和硫酸化合，或是把氮和氢化合变成硇精，再和硫酸化合。总之须经过许多的化学方法，才制造成功的。除了肥田粉硫酸铵外，还有其他由化学方法造成的各种人造肥料。这种人造肥料的效力，比废物肥料大得多，而且使用也便利得多。这样说来，那么食物，也间接地和化学发生着很大的关系。其他的像酒和醋是米制造的，酱油是豆和盐做成的，味精是盐酸和面筋化合而成的。每一件都是应用到高深的化学理论、复杂的化学变化，才制造出来的。稻和麦种在田里，将要成熟的时候，成群的蝗虫飞来将它吃了去。各种食物放在空气中，过了几天一种非常小的生物，我们叫它微生物，使食物发臭、变酸、生白花、含毒。为了要保护我们的食物，害虫的除杀，食物的防腐便成了一项重要的工作，而杀虫和防腐是常用到化学品的。近来生理化学非常发达，人每天所需要的食物，只不过是一些碳、氢、氧和氮。法国的大化学家贝特洛（Berthelot）有一次说："化学家总得想一个办法，使我们只要预备一片含氮的饼、一小块脂肪质、一小袋的淀粉或糖或一些调味品，便可以营养我们的身体了。到这时候，化学真是成功了，我们不必再辟葡萄园和养牛场，不必残杀生物，自然使我们敦厚朴实、和蔼雍容，那么目前一切的纠纷都没有了。"

虽然这一种最经济的合成食物还不能制造出来，然而化学和"食"的关系，也可想而知了。

80.住和行与化学的关系更大

讲到住和行，那么和化学的关系就更大了。现在的房子大都是水泥、钢条建造成的。这些水泥、钢条都是用化学方法制成的。假如没有化学，这样高大的洋楼只是梦想了。房间里所用的油漆、玻璃等，也都是用化学方法制造出来的。现在有一种小的救火器，也是应用化学上的道理。我们知道二氧化碳是不能助燃的，在那个小灭火器的里面，是放一些碳酸氢钠和一小瓶硫酸，当这救火器挂在墙上的时候，硫酸是和碳酸氢钠不接触的。火烧的时候，我们只要把那个救火器调一个头，硫酸和碳酸氢钠便接触了，产生许多二氧化碳，从小口出来把火熄了，这种救火的器具当然比那种水龙轻便得多，家中预备一只便可预防危险了，这种便利是哪个给我们的呢？也是化学！汽车、飞机、火车、轮船开行的能力，是因为汽油或煤燃烧（化学变化）发生热的缘故。所以这些交通的利器的发明，使我们便利舒服，实在都是依靠着化学的能力。汽车、飞机、轮船用的油，也是用化学方法由地上油矿中提炼出来的。现在汽车油的消耗一天一天多起来，有许多人都开始担忧着，在不久的将来，全世界所藏的汽油一定要用完。假如全世界上所藏的汽油用完了，那么一切全靠着汽油的汽车、飞机都不是要变成废物了吗？可是却不是这样的。伟大的化学早已替我们设法，几年之前有一位化学家已发明把打细的煤粉在很高的温度（400~450℃）很大的压力（100~200kPa大气压力）之下和氢化合。煤粉和氢化合便成为一种液体，其中有1/5是汽油，1/5是柴油，其他是机器油等。自从这个方法发明之后，大家对于汽油的忧虑减轻了不少。最近我国汤仲明和湖南建设厅，都努力地研究木炭汽车，现在也已有相当的成功。据湖南建设厅的实验，木炭汽车和汽油汽车的驾驶方法和安适完全相同，并且非常经济，开行98华里[1]需时77分钟，只用木炭42磅[2]，所消耗的比汽油可省10/9。又有许多人研究酒精代替汽油，因为酒精也是把植物的淀粉，利用微生虫的产生的，淀粉和微生虫都是很永久可以得到的，因此酒精的来源当然比这世界上有限的汽油可靠得多。这种种的研究和发明，使我们觉得这伟大的化学，将能解决我们一切困难的事。

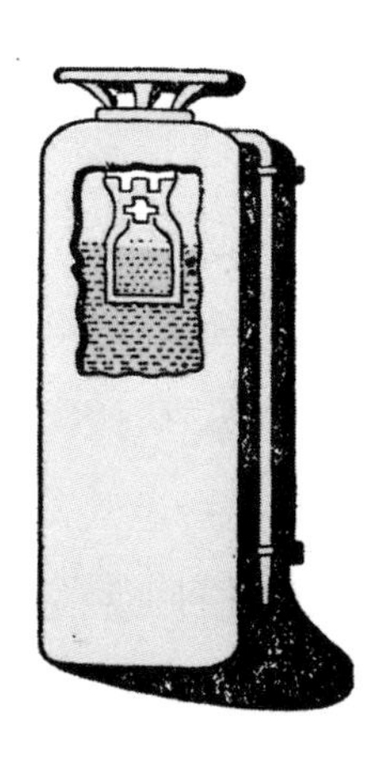

图四十一 救火器

衣食住行和化学的关系都是这样的密切，其他又如在学校中我们读书、我们写字，每天用的纸、墨水、粉笔、铅笔、印书的墨，在家中每天要用肥

1.华里：长度单位，1华里等于500米。（编者注）

2.磅：英美制质量单位，一磅合0.45359237公斤。（编者注）

皂、火柴和女子唇上颊间的胭脂，手巾上的香味，哪一件不是化学的功绩呢？试想从前的人不研究化学，现在的一切不利用化学，我们的生活将是怎样呢？这没有化学的世界你能想象出来吗？

81.化学既“凶残”又“慈祥”

我们已经知道把硫黄、木炭、硝石混合起来，可以做成火药，把这种火药放在枪弹中或炸弹中，便可以拿来杀人了。还有一种无烟火药，是把棉花浸在浓硝酸及浓硫酸中制成的。棉花是碳和水的化合物。它的分子式是$C_6H_{10}O_5$和硝酸发生变化为：

$$2C_6H_{10}O_5 + 6HNO_3 = 2C_6H_7O_2(NO_3)_3 + 6H_2O$$

$C_6H_7O_2(NO_3)_3$是叫硝化纤维，即是火药的主要成分，这一种物质遇到热便立刻分解，发生了多量的气体，于是爆炸了。

$$2C_6H_7O_2(NO_3)_3 \rightarrow 7CO_2+5C0+3N_2+3H_2O+4H_2$$

其他还有许多猛烈的炸药，都是由化学的方法制造出来的，这许多由化学方法制出来的猛烈炸药，不知在战争上立了多少的功绩.同时，也不知道杀死了多少无辜的生命。在1915年4月22日下午，德国第一次用氯作战之后，各国对于用化学毒气作战就非常的注意，到1918年欧战[1] 终了的时候，战争用的毒气，已发明了几百种了。其中有一种叫芥子气（Mustard gas），初嗅到的时候只感到一些头晕，但是在不知不觉间，已中了很难救治的毒了。这种芥子气遇到皮肤时，皮肤就会发生一个红的小点，过了一两小时，这红的小点又会变成一个像火烫起的水泡，这水泡破裂而流出一种很毒的液体。据说一吨的芥子气，便足够杀死四千五百万的人民。新近报上说，法国又发明一种新毒气，毒性比芥子气还要强烈。自从毒气战争应用之后，化学在战争上的地位更是重要，换一句话说，化学的凶残更是显著了。这凶残的化学，屠杀生物、破坏建筑的成绩，使我们也起了寒心。

但是在另一方面，我们再想硝化纤维的发明，原是为了医药和照相，都是对于人类有益的，可是现在的人，把有益的发明拿来放在鱼雷炮弹中，杀死这么多的生命，破坏这么多的建筑。无论如何，我们是不能归罪于化学的，化学的本身仍旧是无辜的。毒气的战争开始之后，各国的化学家都努力研究怎样防御毒气，想到椰子壳或桃核制成的炭粒是能吸收气体的，于是把这种炭粒和其他的药品放在面罩里，使各种毒气都被炭粒吸收，不致再吸到肺里去。自这种毒气面罩发明之后，兵士便可以在布满毒气的战场上自由出入了。欧洲大战之后，许多人都说化学的毒气战争太残忍，主张此后文明国不准用毒气作战。但是欧洲大战时，美国弗理斯将军的报告中，他说："受毒气致死的，一千人中有三四十人，死于爆炸物的，一千人中有二百至二百五十人。"我们照欧战中各国死伤的人数拿来比较，知道用毒气作战，死亡仅2.9%，而用爆药作战平均死亡40.7%，谁说毒气作战不人道呢？毒气虽然猛烈，在战争上的效力很大，但是只能使敌人暂时的失去战斗的能力，说毒气是不人道，那难道听到声音都可怕的炸弹是人道吗？用潜水艇把兵舰打破，使兵舰沉到海底，兵舰中的几千人都葬身鱼腹算是人道吗？

1.欧战：即第一次世界大战（1914~1918年）。（编者注）

人生病，又得由化学方法制出来的医药来解除苦痛。化学可以叫人死，也可以叫人生，有时觉得它非常凶残，有时觉得它又非常慈祥。这万能的化学，我们不去亲近它，真不能生存了。

82.化学是最有能力、最有权威的“怪物”

化学的功能真是描写不完，它能够把各种物质分离成最简单的元素，它又能把各种元素用种种不同的方法化合成许多我们从来没有见过的，但是对我们非常有用的新物质。这种由化学方法合成的新物质，可以把从前的贵贱阶级打破。譬如说，从前丝质的衣服，很有钱的人才能够穿，而现在人造丝的价格不过真丝的1/3，一般的人都可以穿丝的衣服了。从前外国有一种很贵重的很美丽的染料叫塔来紫色（Tyrian Purple），是地中海东岸的一种小贝类制成的。制造少量的这种染料，便要很多的那种贝类动物，所以非常贵重。只有王族中的人，才能穿到用这种染料染成的衣服。外国有句话："Born to the purple"（生于紫色中），表示高贵的样子。这种紫色在那时是多少的贵重，也可想而知了。可是过了几年，有一个德国人弗力德兰特（Friedlander）把这种高贵的染料分析了一下，知道从煤膏中也制得出来的。这本来只有最高贵、最有钱的人才能穿到这美丽的紫色，现在无论怎样穷苦的人，只要有几个铜子便可以买来染衣服了。金刚石是很珍贵的钻石，普通的人是买不起的，自从拉瓦锡用法国学会的大凸镜，燃烧金刚石，发现金刚石燃烧之后也变成了二氧化碳，知道了金刚石是碳构成的之后，现在我们常见的金刚石，差不多都是人工制出来的了，价格也低廉了不少。

我们染蓝色，常用一种蓝色的染料叫蓝靛，这种蓝靛在从前是由印度和爪哇的靛草中提炼出来的。在三十几年之前，印度有几百万亩田，全是种植这种植物的。每年靠靛草的收入约有四千多万元，可是现在人造的蓝靛的方法很多，印度的蓝靛本来要四五元一磅，现在德国由化学方法合成的蓝靛只要四五角钱一磅，并且品质还要比印度的蓝靛好得多。在二十几年之前，德国每年要向国外购买六百万元的天然蓝靛，而在现在它每年反要运出几千万元的人造蓝靛了。而印度和爪哇的种靛草事业却完全破产了。自从人造丝发明之后，我国的丝业，也一天一天地不振了。著者的故乡（浙江长安）是一个很小的乡镇，但是之前每年丝茧的收入也有三百多万元，而现在这巨大数目的收入，差不多完全没有了。因此这个小镇上的经济状况便进入不可救药的状况。于是，店铺倒闭，失业增多，升学减少，本来安居乐业的人民，现在都变成无法求生的流氓了。我们想，化学对于经济情形操纵的能力是多么伟大呀！只要化学稍稍地有一些发明，就直接地把各地的经济状况极大地改变了。间接地使穷苦的人富有，富有的人穷苦。

83.化学的远大前程

现在，已明白化学的能力究竟是这样的伟大。衣、食、住、行是没有一件可以离开化学，日常生活中的一切日用品，也都是化学的成绩。化学的创造能力最大，可以打破贵贱阶级，可以使人富足，可以使人贫穷，可以使人生，可以使人死，化学的用途是说不完的，化学的功绩是描写不尽的，那么我们应该怎样去多研究一些化学呢？不要以为有机会开设化学工厂，只要请几位化学师，自己不研究化学也可以。在这化学的世界里，假如不懂得一切化学的普通常识，便像进了异国的孤客了。不要以为化学是已经成功，不必再研究了。现在，不知道还有多少重大的问题还没有解决呢！全世界每天要用那么多的煤，在世界各地的煤用完后，我们将怎样开动一切的机器呢？现在的新闻事业一天一天地发达，新闻纸的消耗也一天一天地增多，这种新闻纸是木材做成的。一个大城市报，每出版一次星期增刊及图画附刊，已消费了不少亩的桧木和杨木。这样下去，谁能料想将来没有森林缺少的恐慌呢？世界上的热和光是全由太阳赐给我们的。据说，太阳所放射的光，一天一天地会减少起来的。假设有一天，太阳光逐渐消失，那么地球上所有的水一定变成了冰，而没有潮也没有汐，这一种世界末日的来临，我们又将如何预防呢？

成功不过是进步大道上的一个计程碑，这个旅程的终点还是很远的！

实验提示

实验1. 如果瓶口很大，应该拿一块毛玻璃将瓶口盖住一部分，否则新鲜的空气仍旧可以进去，会使蜡烛继续不断地燃烧。

实验3. 每一次实验之后，应该把这放苛性钠的玻璃管拿下来，用木塞塞住，以免苛性钠吸收空气中的水蒸气和二氧化碳。苛性钠用了几次之后，应该拿出来换些新的。

实验5. 也可以用试管来做这个实验，铜丝应该在硫黄沸腾之前先烧热，否则火光很难见到的。

实验6. 切磷的时候应该要非常小心，把磷浸在水中切，再用吸墨水的纸将磷稍稍吸干，再用小刀把磷移到浮着的小盆子里去。

实验10. 在冬季是不容易表现出来的，因为太阳光是不很强。

实验16. 钠和水银混合的时候，常常会轻轻地炸一声，但是绝对没有危险的。大约水银和钠的比例是5:1。

实验17. 最好把硫酸和水预先混合好（体积5:1）。混合时，应把硫酸慢慢地倒入水中，然后用玻璃棒拌匀，如将水倒硫酸是要发生危险的。

实验20. 最少要用20公分的氧化铜，否则做成的水是太少了。在实验完毕之后，金属铜可以放在一只瓷盆里，用酒精灯加热，使它再氧化而变成氧化铜.变成的氧化铜，一定和原来一样重量的。可以留着下次做这个实验时再用。

实验31. 要使氧化后重量增加，磁石一定要很好的。铁粉一定要很细的，天平一定要精确。用还原的氧化铜在空气流通中加热，也可以表明氧化后重量增加。

实验36. 要使气体从玻璃管里出来在管中燃烧，是要先稍稍练习一下。

实验37. 制氯时不要在窗门紧闭的房中，应当先把窗门打开，你如不习惯嗅氯的臭气，最好在你的手巾上先倒一些硇精水或是酒精。

各实验所需仪器

实验1	铁丝燃烧勺1只，小口瓶1个
实验3	可放蜡烛的玻璃管1个，天平和砝码各1副
实验5	300cc 烧瓶1只，铁盆1个
	三角铁架1个，酒精灯或本生灯1只
实验6	玻璃钟罩1只，小瓷蒸发皿10只
	玻璃水槽1只
实验12	电解水用具全副，电池4节
实验14	小玻璃研杯1副，集气瓶1只
实验15	500cc 烧瓶1只，集气瓶4只，毛玻璃4块，安全漏斗1只
实验20	500cc 烧瓶2只，U形玻璃管2只，硬玻璃管1只
实验21	曲颈瓶1只，曲颈瓶架1副，试管若干
实验23	瓷蒸发皿1只
实验25	玻璃漏斗1只，滤纸100张
实验31	蹄形磁石1块
实验32	小刀1把
实验41	铁盆和沙盆各1个
实验42	试管若干，试管架1副，试管夹1只
实验50	吸管1个，粗细玻璃管若干，大小木塞若干，橡皮管若干

药品

硫酸	4磅
硝酸	3磅
盐酸	2磅
石灰水	1升
硇精水	4英两[1]
氯化钾	4英两
碳酸钠（纯碱）	4英两
铬酸钾	4英两
硝酸银（溶液）	4英两
石蕊溶液	4英两
氯化钙	8英两
大理石	8英两
铁屑	8英两
石灰	4英两
石膏	4英两
陶土	4英两
漂白粉	4英两
二氧化锰	1磅
洗涤苏打	4英两

1.英两：也叫“盎司”。英(美)制重量单位。1英两约为31.1035克。（编者注）

明矾	4英两
硫黄棒	4英两
硫华	4英两
硝酸钾	4英两
铜圈	2英两
氧化铜	4英两
硫酸铜	4英两
锌	4英两
锑	2英两
汞	4英两
醋酸铅	2英两
氢氧化钠(固体)	2英两
碳酸钠	1英两
黄磷	1英两
红磷	1/2英两
氧化锡(锡石)	1/2英两
氧化汞(三仙丹)	1/2英两
钾	1/16英两
钠	1/16英两
金叶	2片
镁条	1根
石蕊试纸	1盒
木炭	1块

元素周期表

Periodic Table of the Elements

原子序数—1　H—元素符号
氢—元素中文名称（注 * 的是人造元素）
1.008—相对原子质量（加括号的数据为该放射性元素半衰期最长同位素的质量数）

1	2	3	4	5	6	7	8	9	10	11	12	13	14	15	16	17	18
1 H 氢 1.008																	2 He 氦 4.003
3 Li 锂 6.941	4 Be 铍 9.012											5 B 硼 10.81	6 C 碳 12.01	7 N 氮 14.01	8 O 氧 16.00	9 F 氟 19.00	10 Ne 氖 20.16
11 Na 钠 22.99	12 Mg 镁 24.31											13 Al 铝 26.98	14 Si 硅 28.09	15 P 磷 30.97	16 S 硫 32.06	17 Cl 氯 35.45	18 Ar 氩 39.95
19 K 钾 39.10	20 Ca 钙 40.08	21 Sc 钪 44.96	22 Ti 钛 47.87	23 V 钒 50.94	24 Cr 铬 52.00	25 Mn 锰 54.94	26 Fe 铁 55.85	27 Co 钴 58.93	28 Ni 镍 58.69	29 Cu 铜 63.55	30 Zn 锌 65.38	31 Ga 镓 69.72	32 Ge 锗 72.63	33 As 砷 74.92	34 Se 硒 78.96	35 Br 溴 79.90	36 Kr 氪 83.80
37 Rb 铷 85.47	38 Sr 锶 87.62	39 Y 钇 88.91	40 Zr 锆 91.22	41 Nb 铌 92.91	42 Mo 钼 95.96	43 Tc 锝 [98]	44 Ru 钌 101.1	45 Rh 铑 102.9	46 Pd 钯 106.4	47 Ag 银 107.9	48 Cd 镉 112.4	49 In 铟 114.8	50 Sn 锡 118.7	51 Sb 锑 121.8	52 Te 碲 127.6	53 I 碘 126.9	54 Xe 氙 131.3
55 Cs 铯 132.9	56 Ba 钡 137.3	57-71 镧系 La-Lu	72 Hf 铪 178.5	73 Ta 钽 180.9	74 W 钨 183.8	75 Re 铼 186.2	76 Os 锇 190.2	77 Ir 铱 192.2	78 Pt 铂 195.1	79 Au 金 197.0	80 Hg 汞 200.6	81 Tl 铊 204.4	82 Pb 铅 207.2	83 Bi 铋 209.0	84 Po 钋 [209]	85 At 砹 [210]	86 Rn 氡 [222]
87 Fr 钫 [223]	88 Ra 镭 [226]	89-103 锕系 Ac-Lr	104 Rf 𬬻* [265]	105 Db 𬭊* [268]	106 Sg 𬭳* [271]	107 Bh 𬭛* [270]	108 Hs 𬭶* [277]	109 Mt 鿏* [276]	110 Ds 𫟼* [281]	111 Rg 𬬭* [280]	112 Cn 鿔* [285]	113 Nh 鿭* [284]	114 Fl 𫓧* [289]	115 Mc 镆* [288]	116 Lv 𫟷* [293]	117 Ts 鿬* [294]	118 Og 鿫* [294]

镧系	57 La 镧 138.9	58 Ce 铈 140.1	59 Pr 镨 140.9	60 Nd 钕 144.2	61 Pm 钷* [145]	62 Sm 钐 150.4	63 Eu 铕 152.0	64 Gd 钆 157.3	65 Tb 铽 158.9	66 Dy 镝 162.5	67 Ho 钬 164.9	68 Er 铒 167.3	69 Tm 铥 168.9	70 Yb 镱 173.1	71 Lu 镥 175.0
锕系	89 Ac 锕 [227]	90 Th 钍 232.0	91 Pa 镤 231.0	92 U 铀 238.0	93 Np 镎 [237]	94 Pu 钚 [244]	95 Am 镅* [243]	96 Cm 锔* [247]	97 Bk 锫* [247]	98 Cf 锎* [251]	99 Es 锿* [252]	100 Fm 镄* [257]	101 Md 钔* [258]	102 No 锘* [259]	103 Lr 铹* [262]

图书在版编目（CIP）数据

化学趣味 / 沈鼎三著 . -- 北京 : 团结出版社 ,

2020.7

（给孩子的化学三书）

ISBN 978-7-5126-7943-6

Ⅰ . ①化… Ⅱ . ①沈… Ⅲ . ①化学—青少年读物

Ⅳ . ① O6-49

中国版本图书馆 CIP 数据核字（2020）第 096621 号

出版: 团结出版社

（北京市东城区东皇城根南街 84 号 邮编: 100006）

电话:（010）65228880 65244790 （传真）

网址: www.tjpress.com

Email: zb65244790@vip.163.com

经销: 全国新华书店

印刷: 北京天宇万达印刷有限公司

开本: 170×230 1/16

印张: 35

字数: 485 千字

版次: 2020 年 8 月 第 1 版

印次: 2021 年 6 月 第 2 次印刷

书号: 978-7-5126-7943-6

定价: 118.00 元（全 3 册）